2nd Edition

房務作業管理

Housekeeping Operation and Management

郭春敏◎著

二版序

　　很高興有機會再次檢視與補充《房務作業管理》乙書，為使本書內容更完整與豐富，另加專欄如服務公寓與客房檢查參考表；而該書的照片為作者拍攝，以強化讀者對備品及化學藥品之認識。此外，本書亦針對章節做適度的調整，俾益讀者閱讀時的合適度與順暢性。

　　本書首先介紹房務從業者應有之基本概念與服務態度之認識，接著介紹客房型態與房務部專業用語，進而介紹房務員在整理房間前的準備作業與進入客房整理房間之各項作業與服務之內容與程序，最後介紹顧客檔案建立與緊急事件與特殊事件處理等。此外，本書為增加內容之豐富與趣味性，在每一章皆有「旅館世界觀」單元，主要介紹世界各國比較有特色之旅館，以增加讀者對旅館之興趣。而本書的另一特色是收集很多與房務設備相關的專業知識，俾使學習者對房間設備能有更進一步之瞭解。

　　房間是旅館最基本的產品，亦為旅館主要之收入來源之一，因此提供整齊、舒適且美觀的房間讓旅客休息是房務部的重要任務。為了減少來自世界各國遠離家鄉身處異地的住宿旅客之不安全感，並使他們感覺賓至如歸，房務工作不但繁瑣而且很辛苦，因為房務部負責所有旅客住店期間之各項服務，因此，房務員不但要身強體健、吃苦耐勞，而且還要專業，才能解決旅客住店期間的各種疑難雜症。而本書於每章最後一節皆有個案探討與分析（本書之個案皆為真實案例，而為求不影響旅館之聲譽，已加以改寫且以小說方式呈現，希望讀者喜歡），以增進學習者面對真實情況時解決問題的判斷力與分析能力。

　　本書得以出版，要感謝揚智文化公司，亦要感謝我的學生在課堂中給我很多的點子與衝擊，才能讓本書資料更豐富，更感謝華國、華泰、凱悅、圓山等各大飯店給予的協助。此外，非常重要的是怡萱、秀庭、淑玲及好友麗真等的支持與幫忙，還有我最親愛的家人給我的關心與愛護。最後感謝協助本書出版的每一個人，以及閱讀本書的讀者，這本書是在倉促間完成，雖然筆者努力求完整，但謬誤之處在所難免，尚祈各界先進不吝指正，謝謝您們。

郭春敏　謹誌

二〇一〇年二月

目　錄

Chapter 10 緊急事件與特殊事件處理 267

第一節 緊急事件處理 268

第二節 特殊事件處理 283

第三節 個案探討與問題分析 293

附 錄 房務專業術語 299

參考文獻 325

Chapter 1

房務部功能與組織

本章重點

房務部的重要性與功能
　　房務部的重要性
　　房務部的功能

房務部的組織與工作執掌
　　房務部組織
　　房務部職員工作職掌

房務部與其他部門的關係
　　櫃檯、工程部、餐飲部、會計部門
　　採購單位、業務部、行銷／企劃組
　　洗衣房、洗衣店、管衣室、花店

個案探討與問題分析

　　學生的實習是將自己在學校中所學習的課業，利用一個機會，看看別人是怎樣做的，等到自己將來擔任這份工作時，才知道怎樣去完成它。

——王廣亞

　　飯店最重要的商品是客房，因此如何提供旅客最快速與最高品質的房間，以提升飯店的聲譽與形象，房務人員的適當準備與周密的處理具有決定性的影響。現代飯店主要組織架構可分為兩部分，一是客房，另一是餐飲；對於提供舒適、清潔住房之客房又可細分為兩大部門，一是客務部，另一為房務部。何謂房務（Housekeeping）呢？房務是確保房間處於常新及舒適的狀態，在飯店方面來說，它提供一切有關客房重要服務事宜，例如洗衣服務、失物招領、擦鞋服務及房間整理等；而由於房務部與各部門的互動頻繁。因此，有健全的組織與工作流程，且適才適用，加以各部門的配合與合作以發揮團隊精神，才能使飯店獲得最高的效能與收益。

　　旅館或飯店業的房務部門為本書所要探討的內容，本章分四個部分來說明房務部。首先介紹房務部的重要性與功能；其次說明房務部的組織與工作執掌；進而介紹房務部與其他部門的關係；最後為個案探討與問題分析。

第一節　房務部的重要性與功能

　　本節將介紹房務部門的重要性與功能。房務部為飯店的主要商品，亦是飯店基本且重要的設施，而客房收入為飯店主要的營業收入，因此房務部在飯店中扮演著重要的地位。房務部主要為提供住客一個清潔、舒適的客房以及保障住客安全等功能，而讓住客留下一個美好的印象。

一、房務部的重要性

　　房務部為飯店內專門負責房務的部門，也可說是最繁忙與最重要的核心部門。飯店最主要的產品是客房，為確保客房的清潔、舒適及安全，使顧客有家外之家（Home Away from Home）的獨特溫馨感覺，因此房務部必須隨時保持專業與高水準的服務，體貼顧客的需求，使顧客滿意進而向其親戚朋友、工商業界人士介紹，而保持良好的口碑，無形中成為最直接及最有效率的免費宣傳，進而贏得更多顧客光臨，此乃房務部最大目標。房務部的重要性除上述的重點外，亦需包括房務管理所耗的大量人力、物力的管理成本。房務部需二十四小時隨時提供顧客需求服務，故須有不同單位部門的支援，且需分三班制執勤，因此它需要大量員工，其薪酬的支出相當龐大；再加上客房物料及清潔用品的消耗，其成本計算是飯店內重要的支出，故能直接影響飯店之收支。因此房務部應在人事管理及消耗品之控管上，務求做到以最低的支出而得到最高的效能。由於房務相當繁瑣，因此房務工作者須用科學合理的方法，以提升其工作效率，使每一細節環環相扣，讓客人自抵店至離店其整個房務服務過程感到實至如歸。

二、房務部的功能

　　我們已經知道房務部的重要性，接著將說明房務部的功能，其功能有：

　　1.清潔：確保飯店內每一個角落都保持最高的清潔水準，包括客房、浴室、公共區域及飯店外觀等。

　　2.舒適：飯店內的每一個角落須保持恬靜和幽雅，使顧客能在溫馨的環境下度過寧靜美好的時光，尤以樓層上客房之寧靜更為重要。

3.吸引力：客房內的設備擺設及裝飾，除強調一致性之外，設計上應兼顧藝術與實用，以吸引顧客再度光臨。

4.安全：儘量減低任何會導致住客發生意外受傷之可能性。在客房樓層內，由於房務員最接近顧客，往往能提供最直接與有效的安全資料給相關部門而產生保安功能。

5.友善：親切而具活動力的微笑與專業是所有飯店從業人員待人時應具備的基本態度，房務員無論在任何情況下，皆要以友善的態度去接受以及為客人解答疑難，使他們有賓至如歸的感受，樹立應有的友善工作態度。

6.優良的服務：迅速地提供有效的服務，合宜地滿足客人的每一要求，因此，飯店從業人員更須具有一定的敏感度，才能適時地瞭解顧客所需。

 ## 第二節　房務部的組織與工作執掌

　　客房是飯店最直接的產品，屬硬體設施，唯有再加上服務人員的各式服務，即所謂軟體的功能，才能產生它的商品價值。因此對所有房務工作人員來說，只有熟悉和掌握房間服務的具體工作內容，並瞭解飯店組織的性質與管理及企業文化等，更重要則是組織的靈活運作，才能發揮整個飯店的團隊精神。

一、房務部組織

　　一個完善的組織系統圖，不但可以讓人充分瞭解組織的架構與層級，同時亦可作為部門改善分析的參考。由於飯店大小不同，故其房務

旅館世界觀　冰旅館

瑞典冰旅館（Ice Hotel in Sweden）

全世界第一家冰旅館自1989年在瑞典面世以來，每年都吸引了將近六萬名國際觀光客，「Ice Hotel」的名稱亦被該酒店註冊為專利。

在瑞典拉普蘭的這家冰旅館實際上是位於距基魯納（Kiruna）十七公里的一個小村莊——朱卡斯加維（Jukkasjarvi），也就是在北極圈以北二百公里的脫爾內（Torne）河畔。每年11月起，建材取自脫爾內河的冰旅館開始興建，並且邀請國際藝術家替房間作裝潢設計，到12月完工開始營業，在第二年春季開始漸漸融化，冰水又流回老家，而冰旅館也就在4月底或5月初結束營業。

冰旅館內設有六十間客房、大廳、影片放映室、冰酒吧以及一座冰教堂，另外也還有一些正常的度假小屋，以照顧向隅的旅客或者是耐不住冰雪煎熬的房客。

魁北克冰旅館（Quebec Ice Hotel, Hotel de glace de Quebec）

2001年1月開幕的魁北克冰旅館位於聖羅倫斯河北岸邊的蒙特倫西瀑布公園，是世界第二家、北美地區與加拿大第一家冰旅館，館內設施包括劇院、小教堂、酒吧、藝廊以及可容納一百名顧客的住宿設施。冰旅館的一樑一柱、大廳到房間、床鋪、桌椅、杯盤器皿等，都是由魁北克的藝術家以晶瑩剔透的冰塊製造而成，冰酒吧還提供加了冰塊的冰伏特加。冰旅館每年只能營業三個月，冬季建成至翌年氣溫回升至8°C、9°C就徹底融化，隔年再重建。冰旅館整體造價約為加幣三十五萬元，在2002年擴建為三千平方公尺。

位於加拿大魁北克市的冰旅館的冬季氣溫在-35°C左右，不過冰旅館內的溫度都維持在-2°C至-6°C之間，冰旅館的住宿可分成一晚標準房住宿及浪漫冬夜套裝住宿，而半透明的冰床上則用的是麋鹿皮床單及保暖睡袋。另外，冰旅館可同時容納四百五十人，除了住宿與參觀外，也可安排各種特殊活動、聚會、會議、餐會或婚禮等。

資料來源：太陽王國網路事業股份有限公司。

部組織亦異，國內一般房務部門常用的組織架構圖如**圖1-1**。

二、房務部職員工作職掌

　　房務部的工作乃是飯店中最繁忙也是最重要的部門，而如何使住客覺得舒適，則須依賴各層級職員之通力合作來達成此任務。經理（Executive Housekeeper）為房務部中最高的管理者，上對總經理或客務部經理負責，下直接管理房務部副理。副理（Assistant Executive Housekeeper）為房務部中地位僅次於經理的管理者，對房務部經理負責，亦是經理不在時的職務代理人。公清主管（Housekeeper Public Area Manager）負責全館內外之清潔及飯店設備之採購等職務。主任（Head Supervisor）協助副理並接受主管交辦事項，於副理不在時的職務代理人。領班（Floor Captain）負責監督、檢查與協助房務員之清潔工作，其跟房務員的接觸最為密切與直接，常為新進房務員工作學習的對象，且房間的清潔與否，領班為重要關鍵人物之一。房務辦事員（Records and Payroll Clerk/Office Clerk）為房務部之心臟，負責直接接聽客人的來電以及櫃檯等各部門一切電話服務之要求，並適時與各樓服務人員聯繫。房務員（Room Maid/Chamber Maid/Room Attendant）在房務部中與客人直接接觸最頻繁，進出客房次數最多的也非她／他們莫屬；並負責整個客房的清潔以及保養工作，在整個飯店中沒有其他人會比房務員更瞭解客人的一些習慣以及作息等；雖然房務員屬最基層人員，但卻是不可或缺的角色之一。公清人員（Public Area Cleaner/Public Space Attendants）負責整個飯店中公共區域的清潔工作，與房務員屬同等階層。

　　以下就房務部各層級人員職稱以及工作職掌做介紹：

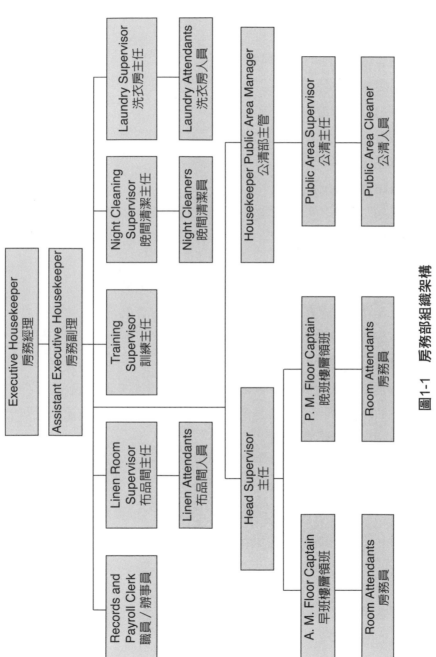

圖1-1 房務部組織架構

資料來源：作者整理。

(一)經理

1.與總經理及各部門主管開會。

2.回答其他部門有關房務部之需求及近期狀況。

3.應明白告知部門員工正確的工作方向。

4.管理辦公室、洗衣房、員工制服,並向採購部詢問未送達的物品。

5.負責建立所屬各單位之工作程序、作業規定、工作處理方法等等,並且確實督導施行。

6.負責部門人員之管理、指揮、督導及品德之管理。

7.建立標準之清潔檢查項目,交給各級幹部施行,並隨時以銳利、挑剔的眼光檢查。

8.找出最有效益之清潔用品或物品,使成本降至最低。

9.依據年度工作計畫,訂定工作進度,負責確實施行。

10.建立房間之養護計畫,作定期與不定期之保養制度,編列預算,並協調工程部、採購部及前檯,按期實施。

11.會同安全室處理客房樓層發生之特殊客房事件或其他突發事件。

12.依據服務之需要訂定合理而精簡的組織,充分有效地運用人力,負責編訂人事費用預算。

13.依公司人事規定負責部門員工之僱用及解僱,控制部門員工名額與工作量,以保持平衡。

14.負責考核各級人員之工作績效、薪資調整,以提高服務品質。

15.解決任何有關房務部的一切問題。

(二)副理

1.負責客房的運作(例如,備品或毛巾的總盤點等)。

2.客人的抱怨處理(例如,遺失物的賠償與找尋等)。

3.客房的翻修與安排（例如，地毯、傢具等）。

4.巡邏各樓層及員工工作情況。

5.負責工程完工後之檢查。

6.負責面試新進員工。

(三)公清主管

1.樓層及公共區域的消毒（包括整個飯店內、外的範圍，但不包含餐廳廚房）。

2.維護大樓外牆的清潔。

3.監督公共區域的清潔與設備維護。

4.設備的購買、平時維修及教導員工正確使用方式（例如，吸塵器）。

5.傢具的管理與維護。

6.大夜班（外包廠商）的清潔控制與檢查。

7.公共區域新進員工的面試與訓練。

(四)主任

1.負責班表的排休、控制房務員之休假與掌握人員動態。

2.分配房間給領班。

3.控制維護飲料與備品的數量及盤點。

4.水果的控制。

5.環保資源回收（例如，報紙、鋁罐）。

6.客房走道及公共區域的人員安排。

7.分配人員整理晚退房的客房清潔。

8.統算加班。

9.鑰匙的總管理。

(五)領班

1.早班（Morning Shift）：

(1)檢查客房。

(2)分配房間給房務員。

(3)隨時注意早起貴賓及提早遷出之房間，以便清點飲料。

(4)毛巾、備品的申請及控制數量與損耗報告。

(5)客人洗衣及抱怨處理。

(6)備品室備品月底數量盤點。

(7)毛巾、杯盤等的季節性總盤點。

(8)樓層工作運轉與報表控制，例如，Mini Bar、Lost & Found（L & F）等。

(9)一位領班大約管理七十至八十間的房間，所以必須經常注意自己管理樓層住客之行動與安全。

(10)其他臨時交代辦理之事項。

(11)負責監督區域內之服務及清潔工作。

(12)分配工作給房務員及訓練新進員工現場作業。

(13)呈報客房故障情況，並排除因由。

(14)填寫請修單並負責追蹤修繕情形。

(15)隨時糾正房務員缺失和不當行為。

2.晚班（Night Shift）：

(1)詳閱值班記事簿，確實瞭解早班和晚班的交代事項。

(2)製作開夜床的報表。

(3)完成早班留下來未完成工作（如DND房及晚遷出之房間等）。

(4)隨時巡視客房走道，確定客房房門是否有關好。

(5)負責樓層鑰匙的分配。

(6)代理房務員晚餐時間客人所要求的服務與問題處理。

(7)對夜歸或酒醉旅客提供必要的照顧與扶持。

(8)隨時糾正房務員工作缺失和不當行為。

(9)下班前與早班交班，夜間動態及貴賓反應必須清楚記錄。

(六)房務辦事員

1.接聽和記錄所有電話指示，並負責通知相關單位執行，亦得追蹤執行狀況。

2.記錄、核對冰箱飲料入帳情況及銷售日報表，分派飲料。

3.整理登錄房客遺留物。

4.預備和記錄飯店免費贈予貴賓房及一般房之物品，如鮮花、礦泉水、水果及貴賓專用禮物等，並通知相關主管幹部和樓層。

5.記錄及追蹤客房借出物。

6.登記部門所有請修單據，追蹤及銷號，如遇足以影響正常運作之特殊檢修狀況，應告知值班主管。

7.整理各項洗衣單備用，登記房客寄存衣物。

8.核對各樓層鑰匙和插電用具之回收情況。

9.冰箱飲料盤點及領貨，每月底填寫所有飲料、食品銷售數量。

10.日用備品之補充，削鉛筆及填寫辦公室所需物品之申購單。

11.月底班表之打字作業。

12.辦公室之清潔工作與貴賓房所用鮮花之整理和噴水。

13.一般文書作業（例如，月初統計與核對送洗布巾數量）。

(七)房務員

1.清理客房、浴室和補充房內各項備品，務必擺設及備品都正確無誤。

2.清潔保養客房（例如，門框、走廊、牆面、出入口的地方以及空調出風口等等）。

3.在指定時間內收送房客所有洗燙衣物，並填寫客衣收送記錄簿。

4.檢查及補充客房冰箱飲料或食品。

5.晚間夜床服務之作業。

6.拾獲住客遺留物，必須報交辦公室。

7.房客如有要求服務，如擦鞋、更換布巾等，應該優先處理。

8.房間簡易故障排除，如更換電燈泡等，不能處理時隨即報知辦公室。

9.每個月定期布巾、財產之盤點。

10.請勿打擾房，報辦公室處理。

11.填寫每日工作日報表、布巾對點表。

12.發現可疑人物應即時報備相關單位，若有不尋常事件、客人申訴、客人及飯店財物不見或損壞，立即向領班報告。

13.若發生意外事故，協助客人迅速離開現場。

14.參與部門定期會議及在職訓練。

15.下班時，親自繳交樓層鑰匙至辦公室。

16.填寫房間狀況報表時，確實在報表上註明其狀況。

17.保時客房內之鮮花及水果之新鮮度。

18.客房需做水龍頭放水及排水孔沖水之動作，若前晚有夜床服務（Turn Down Service），則需還原為OK房（即為可賣之客房）。

19.將昨日客人未到飯店（No Show）而尚未使用客房恢復成空房。

20.保持庫房之清潔及整齊。

21.熟悉館內基本的各種服務項目，以利答覆房客之詢問。

22.完成上級特別交代之任務。

(八)公清人員

1.確保大廳、洗手間、客用電梯、煙灰缸及走廊等工作區域的清潔，且須符合飯店標準。

專　欄　接聽電話之處理

一、步驟

1. 電話鈴聲響。
2. 接聽電話。
3. 道安及報姓名。
4. 記錄電話內容重點。
5. 重述電話內容重點。
6. 道謝。
7. 掛上電話。

二、標準

1. 立即接聽，勿使鈴聲響超過三聲。
2. 小心拿起勿使掉落。
3. 先向對方道好，並報出所屬樓層及姓名。
4. 將所聽取之房號及內容重點記錄於值班記錄表上。
5. 將對方指示之房號及內容重述一次。
6. 確認房號及內容無誤後向對方道謝。
7. 需等對方先掛電話後再輕輕將電話掛好。

三、注意事項

1. 電話中言談要注意禮貌。
2. 說話口齒要清晰，音量要適中。
3. 養成隨手記錄的習慣，可作追蹤處理，以免遺忘造成錯誤。

2. 清除所有公共區域之垃圾。

3. 清理樓梯、地毯及扶手欄杆。

4. 清除地毯、地面之污漬。

5. 清潔所有清潔設備，並儲放妥當。

專欄　發送早報之處理

一、步驟

1. 自員工電梯口取早報至服務室。
2. 核對份數。
3. 狀況反映。
4. 夾報套。
5. 送至客房。
6. 留一小三角。

二、標準

1. 服務中心人員於早上七點前將早報分送至房務部辦公室。
2. 核對早報通知單之各類報紙份數是否正常。
3. (1)份數有短缺時立即反映服務中心補充。
　 (2)房間有遺漏時立即反映房務部查明並補送。
　 (3)指定報紙未送達時亦反映房務部查明補送。
4. 將報紙按開口處放入報套內。
5. 依早報通知單之房號、報類塞入房間門縫下。

三、注意事項

1. 發現早報有誤差應迅速聯絡服務中心,以便補充。
2. 客人有特別要求之報紙要交代清楚,並注意送達與否,若有遺漏立即反映。
3. 早報通知單代號:
　 (1)ENG:英文報。
　 (2)CHI:中文報。
　 (3)JAP:日文報。
　 (4)BTH:中、英文報。
　 (5)OTH:不送報紙。

6.保持公共區域的整潔。

7.客房地毯的清潔與維護。

 第三節　房務部與其他部門的關係

　　在觀光飯店的整個組織範圍內，房務部門皆須與飯店其他各部門保持密切聯繫，因為房務的事務很雜，故須其他部門之支援與合作，它與其他部門之接觸很頻繁，可謂牽一髮而動全身。因此，房務管理人員與館內各部門保持良好的工作關係，是非常重要的。

一、櫃檯

　　須不斷地互相提供最新房間入住情況，在最短時間內，將客人遷離之房間整理妥善，以備櫃檯使用。提供一切有關住客之特殊行為資料，防止或勸喻客人勿胡亂損毀飯店內的設備。此外，協助行李員開門收取行李或旅客存放包裹等作業。

二、工程部

　　提供資料給值班工程師，處理任何保養維修的事宜，安排及封閉房間以便維修與保養。如冷暖氣機故障，工程部的電器技術人員若能即時接到通知，便可即時修復，免得房務人員傷腦筋；其他如油漆匠等均須和房務員保持密切聯繫，通力合作，隨時粉刷房內油漆剝落的地方，而使客房保持完美如新的景觀。

房務小百科　吸塵器使用時注意事項與保養維護

　　吸塵器指吸灰塵用之機器，而灰塵太多，造成吸力小的主要原因可能為以下幾點：(1)吸塵器吸嘴或管道堵塞；(2)集塵腔內積塵太多，或濾塵袋潮濕使空氣難以流通；(3)風道漏氣或機身安裝不嚴密，使風壓下降，吸力不足。所以應經常檢查吸嘴、管道、集塵腔，將吸刷嘴部至排氣孔之間路徑上的堵塞物清除。有時吸入過大的異物也會使吸力減少。過濾器或濾布罩亦要經常清洗，放在陰涼處晾乾後再用。

一、注意事項

1. 不可吸鐵釘、木塊、螺絲及其他硬物；更不可吸濕物或嘔吐物。
2. 使用中避免碰撞桌椅、牆壁。
3. 使用中聽到馬達轉動聲音有不正常時，須停止使用並作檢查，若吸入硬物會造成扇葉破損。
4. 使用時電線勿穿過走廊，注意行走之安全。
5. 用畢時要用手抓住插頭拔掉，不可直接拉扯電線或在遠處將電線抖開。
6. 用畢將把柄直立，電線繞圈掛在把柄的掛鉤上。
7. 打開蓋子清理纏繞在滾輪上之毛髮，清理周圍之灰塵線頭；隔日將滾輪拆下，用半濕抹布清理周圍灰塵。
8. 橡皮帶損壞要更換，安裝時要注意方向之正確，否則會使滾筒旋轉方向相反，使灰塵吸不進去反而外噴。
9. 假日及附近有掛DND之房間，要將房門關起來吸塵，以免妨礙其他客人之安寧。

二、保養維護

1. 定期做修檢工作：注意零件、螺絲是否老舊、鬆動，若有此情況，則必須做更換，以維持正常之運作。

2. 吸塵袋每天要傾倒：屯積太多會影響吸塵效果，嚴重時會卡住馬達風葉之轉動而使馬達燒掉。所以房務員在使用完後應將吸塵器及其附件用濕布擦拭乾淨，待乾後存放在乾燥通風處。吸塵器的集塵袋應經常清理，清灰後的集塵袋可用溫水洗滌曬乾。如發現集塵袋破裂，要及時更換。

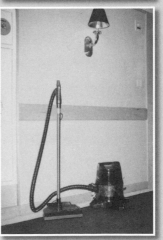

台北君悅大飯店使用的各式吸塵器

三、餐飲部

餐飲部需要桌巾及服務員制服等均與房務部布巾組或洗衣房取得聯繫，尤其在舉行大型的宴會時，應事先安排妥當，協助客房餐飲服務（Room Service）。

四、會計部門

由會計單位核定帳單及支付薪津，並核定成本或提醒管理不良現象。

五、採購單位

房務部所需的清潔用品及顧客之備品均由採購單位辦理，但採購品牌、庫存、品質及規格應由房務部決定，雙方應研討採購品之特性及成本等。

六、業務部

業務人員為加強潛在客戶對旅館產品的認識與信心，常以帶客參觀客房（Show Room）方式讓客人有現場的接觸經驗，因此房務部應隨時保持客房的良好狀況，以便讓客人留下第一次的良好印象。

七、行銷／企劃組

為加強客人留下第一次的良好印象，行銷部門須提供客房實景照片，房務部則須配合其促銷部分擺上適當物品，但不宜過分虛華，例如房間房價不含花、水果，則照片就不應擺上，以免誤導客人。

八、洗衣房

　　飯店內設有洗衣房，隸屬房務部門。負責整館房間床單、布巾與旅客衣物之清洗，洗衣員須具備相當的洗衣專業知識如化學藥物的使用，因為旅客常有些衣物上的污點很難處理，必須要有專業知識與經驗才能將污點完整移除，且又不傷到衣服的質材與退色等問題。

九、洗衣店

　　現今有很多飯店因成本等考量，故將洗衣工作由外包廠商來負責處理，房務部為確保洗衣物能夠迅速處理，故與承包商雙方應經常取得密切的聯繫，洗衣物應由房務部以標誌辨別。

十、管衣室

　　管衣室負責幫忙修改破損的床裙及沙發、燙板布面之更新及縫補等工作。

十一、花店

　　客房中的浴室需要放置花朵或有貴賓住進時必須要有迎賓花束等情況時，房務部就必須與花店連繫。

專欄　服務公寓(Service Apartment)

　　服務公寓是指專門提供短期旅行、商務出差的人士的居住場所，和一般旅館不一樣的是，服務公寓提供了更寬廣的空間、通常也包含了廚房、客廳、洗衣器材、以及上網等旅行、商務人士所需要的生活或是工作設施。而服務公寓本身配置有管家協助您CHECK/IN以及CHECK/OUT的服務，同時管家也是對當地最熟悉的人，因此，管家除了提供生活必要的協助之外，也可以提供您最貼切的當地生活資訊。

　　服務公寓可因應人數的多寡，可以從較小型的公寓（房間數量較少）到比較大型的公寓（房間數量較多），依照每個人的需求不同而承租。和大家一般印象中民宿不一樣的地方在於服務公寓並不是以房間單位來出租的，也就是說，您將保有自己的隱私，同一時間，除了您自己的友人或是家人成員之外不會有其他陌生人跟你住在同一套服務公寓內。

　　根據維基百科全書中的解釋，服務型公寓是一種提供裝潢、設計空間、齊全傢具、以及日常生活必須用品的短期出租的公寓。在歐美旅行的文化中，人們即使旅行，都會希望到了一個新的地方仍然擁有家的感覺（還記得鐵達尼號裡的羅絲及母親要旅行時，連喜歡的名畫都帶了嗎）。因此，除了旅館的有限空間之外，提供精緻裝潢、各項舒適客廳及臥房設施、廚房、傢具以及清潔設施的服務公寓Service Apartment衍然而生。他們所管理的公寓，擁有精緻的裝潢以及舒適的居家用品，同時還有專業的管家以及清潔人員管理，不僅適合商務人士，也適合短期旅行者。

　　酒店公寓引進物業管理公司，以飯店服務的模式提供各項付費的服務，例如代訂機票、鐘點女傭房間打掃等等，讓住戶擁有置身五星級飯店的方便生活，出租的商務住宅如「新光傑仕堡」，幾乎比照飯店的型態，租客選擇房型之後，只要提著一只皮箱就能輕鬆入住，不須煩惱裝潢、家具的問題。

　　不論是「酒店式公寓」或「公寓式酒店」，香港多稱為「服務式住宅」，都是提供類似居家的格局以及酒店式的服務。在格局上，通常除了

一般酒店的臥室與衛浴外，還有廚房、客廳、甚至書房等；而在配備上，也提供一般酒店沒有的設備，諸如廚具、微波爐、影碟機等設備。此外，亦提供類似酒店的服務，譬如入住與退房登記、家居清潔、送餐、衣服洗燙、叫醒服務等。兩者主要的差別是在於產權與經營管理的模式。

「酒店式公寓」是由開發商將酒店的每套客房分割成獨立的產權出售給買主，並聘請專業的酒店管理公司負責經營與管理。買主擁有產權，所以可自住、可出租、可轉售；一般買主都是收取租金以換取長期的投資收益，或是出售以賺取差價。

至於「公寓式酒店」指按公寓式分隔出租的酒店；簡單地說，就是設置於酒店內部，以公寓形式存在的酒店套房，其產權一般由酒店經營者所有，經營與管理模式也與一般酒店無太大差異。一般說來，在相同檔次的房型與設施的基礎上做比較，酒店式公寓的租金較一般酒店便宜，而公寓式酒店則與一般酒店無異。

除了管理方式不同，兩者間鎖定的客層也大不相同，房仲業者表示，「酒店式公寓」鎖定的客層以外派的企業中高階白領為主，主要是提供外派人員一個安心、舒適的居家空間，讓外派人士可以全心投入工作，無後顧之憂，當然客源也比較廣。

資料來源：
1.http://tw.house.yahoo.com/article/aurl/d/a/080825/11/9d6.html
2.http://www.era101.tw/newsshow.asp?newstype=2&id=191
3.http://apartments.com.tw
4.http://www.rakuya.com.tw/hnews/hnews_list/1477/2/0/1/0

 第四節　個案探討與問題分析

一、房務個案

(一)從澳洲騎機車來的法國客人（「澳客」）

> Catherine：Shire畢的同事兼室友
> Middy：Shire畢的同事兼「蝦拼」好友
> Frank：法國人，六十二歲，為泰狄公司的總裁
> Shire畢：Frank先生的執行秘書
> Vivien：Frank先生的專屬房務員，二十五歲

　　Shire畢、Catherine、Middy三人在旋轉餐廳裡靜靜地欣賞著遠處的風景，柴可夫基斯的天鵝湖昂揚耳畔，輕拂暖暖的臉龐。

　　「Shire，我真的很佩服妳耶！」Catherine打破沉靜，崇拜地問著。

　　「怎麼說啊？」有一口沒一口挖著提拉米蘇的Shire畢，對於Catherine的這句話，有點嚇到了。

　　「對啊！怎麼說？」Middy對於Catherine臨時冒出來的話感到疑惑著。

　　「妳不知道全公司都很崇拜妳嗎？總裁那麼多規矩，記得他老人家幾個月前住在瓜蝸五星級飯店時，非常不滿意那間飯店的服務，每天來公司臉都是臭臭的。而妳不是幫他另外換一間飯店住嗎？這次他可滿意多了呢！」Catherine逗趣的神情維持著一股源源不絕的生氣。

　　「對對對！Shire，真虧了妳，妳怎麼那麼厲害，到底是為了什麼，總裁的脾氣變了那麼多？到底妳有什麼『撇步』能讓總裁那麼滿意啊？」Middy對這件事也相當好奇的說著。

　　「哎呀！其實總裁人滿好的，只要別犯了他的原則就好，多用心在工作上，事情就會事半功倍哦！上次我觀察過總裁而且偷偷地問瓜蝸飯店

他的習慣，於是我就找祈情飯店討論，我傳真了一份資料過去，請他們
配合……」Shire畢回憶起這次的事情——

「總經理您好，敝姓畢，是法國泰狄公司Frank先生的執行秘書，剛已
經傳真一份有關總裁他所要求的住宿項目，不知道您收到了嗎？」Shire
畢說道，「總裁確定於後天抵達台灣，Frank先生是個滿愛整潔的主管，

泰狄股份有限公司

傳真日期：89年11月5日　　　　　　　　　　傳真者：Shire畢

敬啟者：祈情飯店總經理

　　總經理先生您好：

　　日前已與您討論過總裁的習慣問題，並依照您的意見打出一張詳
細的明細，麻煩您多費心了，再次敬祝　　　　　　飯店業績蒸蒸日上

　　第一，飯店需添購一張新床，因為Frank先生無法睡較軟的床。

　　第二，房間及浴室裡每天都需要插好絕對新鮮的玫瑰花。

　　第三，每天的水果籃需放滿新鮮水果，但切勿放榴槤及火龍果。

　　第四，各式酒杯均兩打，以備有親朋好友造訪。

　　第五，礦泉水必須是紐西蘭進口的，並保持一打（十二罐）裝。

　　第六，由於個人隱私，整理房間時，不允許將房門打開。

　　第七，Frank先生本人非常討厭冰涼的地板，請將浴室的整個地
板鋪滿舒服的毛巾及長毛地毯。

　　第八，當Frank先生需要打掃時會先以電話告知，並且房務員必
須在三十分鐘內到達房間。

　　第九，房間及浴室內需要音響設備，每天必須從十八時至二十四
時播放古典樂，並每日更換音樂項目。

因此特別交代，請貴飯店能添購一張新床，麻煩您能為他準備。」

「是的，我已經收到了，畢小姐，我們會全力配合的……好，好，……謝謝您，再見。」祈情飯店的總經理一面拿著這張傳真紙，一面與畢小姐討論著以上的內容。掛上電話後總經理便交代下屬添購一張新床至Frank先生所訂的總統套房，並且將上述傳真所有該安排的事項交給房務部經理處理。

Frank先生住在飯店已有十來天了，幾乎每天都會在固定的時間掛上DND牌，一開始每次房務員輪到整理這間房時，房務員們總是緊張得不能自己。由於他是飯店列為最最重要的客人，因此總經理及房務經理更是時常叮嚀與交代著。不久房務經理請Vivien擔任他的專屬房務員……

陽光輕灑在Vivien的臉龐，汗珠細細地滑落，「鈴……」電話鈴響起。

「Vivien，Frank先生已經通知要去整理他的房間，準備一下。」

「好，我知道了，謝謝妳Bonny，我馬上過去了，Bye Bye。」

Frank被國內首屈一指的五星級連鎖飯店列為黑名單的客人之一，就是因為他有太多「龜毛」的規定。雖然是一位要求相當苛刻的客人，但假使將他所要求的事情做好，也會大方地放一些小費以茲鼓勵。

午后點了幾道餐、蛋糕及咖啡，都已聊了好一會兒了，……不久之後三人繼續她們的「蝦拼」行動去了。

(二)女同志的性騷擾

　　Austin：三十七歲，女同性戀者，911號房房客

　　Toast：二十一歲，實習房務員

　　Echo：三十三歲，房務員，在職二年

仲夏時分，午後的微風是溫柔的羽翼，輕輕地掠過肌膚的每一處，此時一位房務員（Echo）正熟練地吸著地毯，結束吸塵後，慢慢地退出了

客房，繼續著下間客房的清潔。Echo站在911號房的門前，抬起了手，卻遲疑了許久，見她出神地凝視著，彷彿思考著什麼──

（前一天）

聽見門鈴響的聲音，Austin穿著浴袍，開門讓Toast進入房間為「她」整理客房。住在911號房的Austin是一位生得俊美的女同志，前天「她」的女友才搬離開飯店，上星期曾傳出樓層間房客的吵架聲以及扔砸物品的聲音，「她」就因此而聞名於飯店的上上下下！但也造成其他房客的抱怨，此舉動讓飯店著實感到為難。

Austin緩緩地坐向床邊的沙發椅上，「小姐，請問妳怎麼稱呼？」一邊說著，一邊翹起腳來，「她」繼續問道，「妳還沒結婚嗎？」

Toast撿完地上及浴室的垃圾後，見到Austin似乎有意想繼續聊下去，即使趕房，但顧及客人還是禮貌性的回道：「我還沒結婚，我叫Toast。」Toast將手邊卸下的床單、枕套……放在一旁的化妝椅上。

「妳交男朋友了嗎？」Austin又繼續問道。

Toast一向不喜歡在工作時說話的，但卻得為了客人──她一邊將枕套套好，一邊回道：「和之前的男友剛分不久……」

Austin笑笑地：「這麼剛好，前天我才和女友分手呢！真是有緣，不如……我們送作堆好了，哈哈哈……」

Toast雖然一邊笑著，但心底其實已經有好幾隻烏鴉飛過了，她心想──可是我喜歡的是男生耶！她也笑笑地回答說：「真抱歉，我目前還不想談感情，謝謝了！」慢慢地Toast已經快整理好床鋪了，卻……

Austin似乎是心不在焉地轉著電視頻道，將頻道轉到古典音樂的演奏會頻道，不出五分鐘，又若無其事的慢慢轉到女同性戀限制級頻道。

聽到一陣陣猥褻的聲音從電視機傳來，Toast感覺相當尷尬，趕緊背向Austin，將床單嵌入彈簧床底。Austin突然將手輕輕地覆上Toast的臀部，嚇了她一跳，急急忙忙地整理好房間，衝到浴室去準備清潔了，Toast以

為趕緊清完浴室，她就可以安全了，結果……

　　當Toast在擦拭浴室的大理石地面時，Austin倏地從後頭抱住了她，「親愛的Toast，今晚有沒有空，我請妳吃飯好嗎？」Toast極力將Austin推開，眼淚拚命地狂流不止，衝出了房間。「碰！」地一聲，「唉呦喂啊！——」Austin居然不小心跌入了浴缸裡，此時Toast早已逃走了。

　　Echo昨天看到Toast在辦公室嚇得直流眼淚，後來才知道911的Austin對Toast做的事情，而今天Echo更提不起勇氣進入911號房裡，但Austin卻是一大早就掛上Please Make up Room牌……。

二、問題與討論

1. 請問您認為哪些人可能是飯店黑名單的顧客呢？而房務個案(一)的Frank先生，您認為是不受歡迎的客人嗎？原因為何？

2. 承上，請問您若為房務員Vivien，您有自信完成Frank先生的嚴苛要求嗎？

3. 請問當飯店有VIP客人時，房務部應特別注意的事項為何？

4. 請問您若為房務員，當您在整房時如遇到房務個案(二)中的客人，您該如何處理？

5. 請問有房客抱怨附近房間傳出吵架及砸物品的聲音，飯店應如何處理？

6. 請問您如果是Toast的上級主管，您會如何處理？

Chapter 2

房務人員服務態度與注意事項

本 章 重 點

房務人員應具備條件與規範
　　房務人員應具備之條件
　　房務人員之規範

房務員應注意事項
　　房務員常遇之工作傷害
　　房務員之安全守則
　　房務員應注意之事項

個案探討與問題分析

在實習中去學習，在學習中去實習，以知識驗證實際工作，以實際工作衡慮學識。

——王廣亞

　　飯店業為服務性的事業，在服務上除了硬體設施的提供外，其他完全仰賴服務人員貼心以及人性化的服務。服務是一種感覺，服務顧客是我們的責任，身為旅館的從業人員，應提供最貼心的服務予客人，所以房務部全體人員都應具備熱心（Enthusiasm）、耐心（Patient）、禮讓心（Polite）、專業心（Professional）等，並且永遠保持笑容，而藉此提高顧客滿意度。而要做好房務工作，首先必須要認同自己的工作且以服務客人為榮與驕傲。此外，養成良好的工作習慣且注意工作安全才能表現旅館之專業服務。飯店和人是一樣的，有不同之人格特性和問題，因此房務人員應如何才能滿足各種顧客，其貼心的服務態度為重要因素。飯店應遴選具有服務精神之人格特質的員工，且加以專業能力之訓練，然後依循飯店的特性指定規則和方法去做不斷的演練，相信將能駕輕就熟提供完美的服務，所謂 "Practice makes perfect"（熟能生巧），以下將介紹房務人員應有的條件與注意事項。本章分三部分說明，首先介紹房務人員應具備條件與規範；其次為房務員應注意事項；最後為個案探討與問題分析。

第一節　房務人員應具備條件與規範

　　服務是關乎飯店生存的靈魂，是無價及無形之商品。無論飯店裝飾如何宏偉堂皇、美輪美奐、設備如何富麗豪華，如不能充分發揮和供應優良之服務，將形同虛設。服務需要具備充沛的服務精神和誠實可靠的態度，而態度殷切和藹，樂意幫助顧客，以準確周到地發揮服務效能。

本節將介紹身為一個房務人員應具備的條件與規範，建立房務部從業人員之專業認知。

一、房務人員應具備之條件

所謂房務人員是指房務部門中的全體工作人員，而身為一個房務人員應具備親切的服務態度、專業技能、禮貌等條件，進而轉變為習慣的養成，自然而然的表現出有禮、專業的服務態度，使每位旅客皆有賓至如歸的感覺，願意再度光臨。房務人員應具備的條件有：

1. 親切的服務態度：熱忱、和顏悅色是房務人員應具備的態度，使住客有優越和被重視的感覺。而親切的服務態度是我們給客人的第一印象，將影響客人對我們的觀感，飯店應特別重視。

2. 專業技能：良好的服務基本上應具備專業的技能，包括有專業知識、專業技術、語文能力、服務技巧與能力等，藉由這些專業技能進而提供更好的服務品質給客人。例如，房務員應具備清掃房間的專業技能、房務主管應具備有管理的技能以及瞭解房務專業用語等。

3. 禮貌：除令人滿意的殷切服務態度外，再加上有系統的禮節歡迎、彬彬有禮的關懷，這是促使住客滿意的重要環節之一。

4. 同理心：房務人員應具備同理心，站在顧客的立場替他著想，試想顧客的感受如何？運用想像力，去洞察與理解顧客的思維，在顧客開口前就能滿足顧客的需求，為飯店做到最好的服務。

5. 安全感：旅客入住飯店後，其房間即是私人享有的範圍，如沒有任何特別的回應是絕對不得打擾。因此，房務人員沒有得到住客的允許不得擅自進入客房，倘有必要時也得先敲門，在得到允許後才能進入，事情處理完畢，需立即離房，絕不可逗留太久，而打擾到住

　　客；更重要的是在客房時切不可東張西望，引起住客的誤會和不安。

6. 賓至如歸感：要使住客有賓至如歸的感覺，房務部最重要的責任是需使住客於住宿期間有愉快的精神並感到舒適，並保持客房周遭的安寧。房務人員應和藹、勤快和具有高度的熱忱與良好的風範，不厭其煩地為住客服務，並時時以微笑待客。

7. 舒適感：當旅客住進客房時，他們所需要的任何東西不應費神呼喚或長時間的等待。例如，毛巾的更換、設備維修、文具用品的補充、傢具的清潔及布置等，務使每一個客人從遷入到遷出，都不會有備品的短缺或感到服務的怠慢等。

8. 熟記住客的特殊習性與喜好：一個優秀的房務人員必須要有靈敏的頭腦和精細的思想，隨時隨地注意住客的動態。對住客有相當的認知，是提供準確服務的基本因素。所謂認知包括住客姓名、房號、住客人數及顯著不同的生活習慣和喜惡等。切記勿追根究底般地向住客盤問，只能從適當的交談，以自己的注意和經驗去認識。

二、房務人員之規範

　　規範就像一些嚴厲的老板，房務人員要絕對地服從，並遵守這些規定，以下將介紹房務人員應遵守的一些規範，茲說明如下：

1. 不可用手搭住住客的肩膀。

2. 如遇住客有不禮貌的言行或其他行為，千萬不要與之爭論或辯白，婉轉的解釋，要以「客人永遠是對的」之態度去服務。

3. 對客人的詢問，如不清楚或不知道時，勿隨便說「不知道」，只可說「對不起，我不清楚，但我可以馬上去問明白再回覆您」。

4. 客人有吩咐時，應即記錄，以免忘記，無法處理時須馬上請示主

管，由他出面處理。

5. 面對客人說話時，切勿吸煙、吃東西或看書報。

6. 住客有訪客時，未經住客同意，不得隨意為訪客開門。

7. 切記絕對不可有任何冒犯客人的言行舉止。

8. 嚴禁使用客房內備品或將備品攜帶出飯店。

9. 嚴禁故意破壞、拋棄或浪費公物。

點頭禮

房務人員在各樓層客房走道或客房內常會碰到房客，遇到客人時，必須向客人打招呼。在亞洲許多國家，當熟人相見時，彼此往往一面微微點頭，以象徵鞠躬，一面舉舉右手，以示敬意。許多歐洲人也常行點頭禮，但它僅行於不熟悉的人們之間。這恰與亞洲相反。

10. 嚴禁為房客媒介色情。

11. 嚴禁使用客房電話、客房浴室、收看電視或收聽音樂等，凡是客房內所有客人的東西一概不准使用。

12. 嚴禁使用客房從事私人事務、會客或和同事聊天。

13. 嚴禁搭乘客用電梯、使用客用洗手間及客用電話。

14. 嚴禁翻動房客物品、文件、抽屜或衣櫥櫃，以免產生誤會或不愉快。

15. 嚴禁與房客外出。

16. 嚴禁與房客或同事過於親密，或向房客傾訴私事。

17. 嚴禁工作時吃零食、嚼口香糖、吸煙或喝酒，尤其在備品室及公共區域要絕對禁止吸煙、喝酒。

18. 嚴禁吃客房剩餘食物或將退房客人之遺留物品占為己有，客人的遺留物應以Lost & Found（遺失物）處理。

19. 嚴禁在樓層與同事談論房客是非。

20. 必須遵守上下班時間，不可遲到或早退。

21.嚴禁替房客私兌外幣或收購房客的洋煙、洋酒。

22.嚴禁私自偷賣飲料或私自向房客推銷紀念品。

23.嚴禁將客人姓名、行蹤、習性等告訴無業務相關的客人，以維護
　　房客隱私。

24.嚴禁向客人索取小費。

 ## 第二節　房務員應注意事項

　　凡事多一分預防即少一分傷害，工作中若沒有正確的工作方法以及
安全概念，其所帶來的危害有可能是一點點，但也可能造成無法彌補的
後果。本節將介紹房務員常見的工作傷害、安全守則以及應注意事項。

一、房務員常遇之工作傷害

　　如何防範工作所造成的傷害，就必須瞭解有哪些災害，才能避免所
帶來的傷害。以下就七項常見的工作傷害說明之：

　　1.地板太滑而不小心跌倒。

　　2.浴室地板有水，以致不小心滑倒。

　　3.被破碎的玻璃片割到手。

　　4.不正確的姿勢作業以致拉傷肌肉。

　　5.搬物品時倒塌以致壓傷身體。

　　6.工作車車輪壓傷腳踝。

　　7.使用切割器具時聊天或被人撞到。

旅館世界觀 **海底旅館**

朱利斯海底旅館（Jules' Undersea Lodge）

如果要找出一家世界上獨一無二的飯店，位於美國佛羅里達州（Florida）拉哥嶼（Key Largo）的朱利斯海底旅館，將會是唯一的答案。在國外，已有許多電視和報紙、雜誌媒體介紹過這家特殊的旅館。

探索海底世界，體驗寂靜無聲的海底生活，原是科幻小說家的夢想。事實上，該旅館的名字就是取自法國著名的科幻小說家朱利斯威恩（Jules Verne），我們耳熟能詳的《魯濱遜漂流記》、《環遊世界八十天》就是出自這位科幻小說家的筆下。

朱利斯海底旅館的魅力，可從下面兩個例子得到印證。有一對夫婦在住過朱利斯海底旅館以後，決定改行開一家潛水器材店。另一對夫婦則是將出生的寶寶取名朱利斯，因為他們事後推算，當初他們住在海底旅館時，小生命已經悄悄在媽媽肚子裡陪著他們一起住在該旅館。

這家位於礁湖海底的旅館，起初並不是建造來當旅館，而是一個名叫La Chalupa的真實海底實驗室，專門探究波多黎各海岸外的大陸礁棚，目前該研究室還在繼續運作中。遊客來到朱利斯海底旅館，會發現旅館的名字並非只是噱頭。要進入旅館，必須潛入深二十一英尺的海底，說是海底旅館一點也不誇張。房間雖然不大，卻是五臟俱全，房內的設備包括：熱水淋浴、冰箱、微波爐、廚房、音響、書櫃、錄影機等，以及一張舒適的床。

找一家浪漫又安靜的旅館度蜜月，是許多新婚夫婦的願望。朱利斯海底旅館特別針對新婚夫婦推出蜜月專案，包括一夜住宿、鮮花、精緻晚餐、烏魚子、早餐等，讓新婚夫婦享受絕對安靜、特別的新婚夜，早晨醒來還可看見窗戶外游來游去的熱帶魚，真是浪漫極了。只是這一晚的代價可不低，大約一千多美元！

資料來源：太陽王國網路事業股份有限公司。

二、房務員之安全守則

預防勝於治療，房務員須遵守工作安全守則，並且熟知急救知識及藥品，以減低肇事的機率。以下就房務員所應注意的安全守則說明之：

1. 使用任何腐蝕性化學藥物，必須充分瞭解其性能及安全性，而在使用時最好戴上塑膠手套，且需於使用後把手徹底洗淨。
2. 使用噴霧劑時，噴嘴必須避開臉部。
3. 絕對不可將漂白劑和其他化學藥劑混和。
4. 工作時應穿著平底膠鞋，不可配戴寬鬆飾物而妨礙工作。
5. 清掃浴室時應保持地面乾燥，嚴禁地面有任何水，以避免滑倒。
6. 保養擦拭高處時，應做好防範措施，以避免摔倒受傷。
7. 布巾車不堆積布巾，寧可多走幾趟，嚴禁因堆積布巾而防礙視線，不僅不美觀，也會影響工作安全。推車時速度應放慢且平穩地向前，以避免撞到客人及柱子或牆。
8. 走道應隨時保持暢通，地毯上不可堆放任何物品及布巾類，尤其走道吸塵時更要注意吸塵器的電線是否有緊靠牆邊，以免絆倒客人。
9. 嚴禁隨便開啟客房任人進入，若房客忘了帶鑰匙，除非認得房客就是此間房的客人，才可開門；否則則禮貌地請客人到櫃檯處理。
10. 嚴禁將通用鑰匙（Master Key）隨意地借給他人，必須隨身攜帶且絕不可遺失，若一發生狀況，應馬上通報主管。
11. 在客房裡工作時，如逢房客進入房內時，應請其出示鑰匙或鑰匙卡，若為鑰匙卡，需刷其房門看看是否正確無誤，倘若房客拒絕或沒有鑰匙或鑰匙卡，應立即報告領班或房務辦公室。
12. 要離開客房前，不可將鑰匙卡或其他物品（例如，抹布或布巾類等）遺留在房內，以免讓客人對飯店的安全產生懷疑。

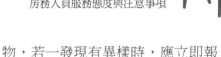

13.隨時注意在樓層走動的可疑人物，若一發現有異樣時，應立即報告主管。

14.客人使用過的刮鬍刀，應妥善地包妥後丟棄，以免造成傷害。

15.清理煙灰缸時，必須注意煙火是否全熄，方可扔入垃圾桶內。

16.若發現客房房門半開著或鑰匙插在門上，應立即上前輕敲房門，如顧客在房內時，必須提醒客人請他關好門或收好鑰匙；如果沒人，則應檢查其房門情形後鎖上門，記下當時時間及房號，並將鑰匙帶走後通報主管。

17.保持緊急逃生梯的暢通，絕不可堆放任何雜物。

18.保持各緊急逃生梯指示燈的照明正常，若故障時必須隨時報修。

19.必須特別注意防火安全問題，以保障客人安全。

三、房務員應注意之事項

房務員清掃客房時，應特別注意之事項，茲說明如下：

1.住客遷出時，應馬上檢查房內物品，特別在迷你吧的飲料方面以及開啟抽屜查看有無飯店資產缺少、缺損（例如，地毯或桌面割傷等）或住客有遺留物等，應即向主管報告。

2.應注意客人的情緒和精神是否穩定和正常，如發現有病客等情形，應立即報告主管，以防發生不可預料的事故。

3.如在當下發現有客人從事不法行為，應提高警覺，馬上報告主管。

4.在清理客房時，若住客在房內，應儘量避免干擾住客，須在住客外出時或住客有特別吩咐時，馬上整理房間，但必須控制時間，需在住客回來前整理完畢。

5.若遇有尚完成的工作時，應填入日報表，以免有任何誤失。

6. 住客喝醉時，要特別照顧，遇有患病或長時間掛著「請勿打擾」牌時或房內上了雙重鎖而未出過房間之住客，均須提高警覺，以防意外事件發生，並馬上報告主管。

7. 若房內發生爭吵、鬥毆、聚賭或吸毒等情形，須迅速報告主管。

8. 在清理房間時，工作車應放置於房門前，而清洗浴室時，更要特別提高警覺，以防任何閒雜人等進入客房。

9. 在整理房間時，若發現客房內有大量現鈔、貴重物品、軍火或毒品等，迅速通知主管處理。

10. 如發現房內傢具、電器損壞、馬桶需要修理等，報告領班並報修工程部處理。

11. 如遇閒雜人等在樓梯、走廊徘徊，須多加留意，並向主管報告。

12. 不可收取任何住客欲向你結帳之金錢（例如，迷你吧或洗衣服務的帳款），切記房務人員除了客人給的小費之外，是不經手任何現金的。

13. 在住客遷出時，須特別留意房內之公物有否被拿走或損壞，如果有，必須立即報告主管處理。

14. 在客房內打掃時，若房客的電話響起，一律不可替客人接聽。

15. 進入客房，不論房客是否在房內，應養成良好的敲門習慣，而房門必須保持敞開。

16. 打掃客房時，應掛上整理牌，若客人在房內，應詢問是否可以整理房間，若可，動作應儘量輕柔，以免打擾房客安寧。

17. 破舊物品不得供客人使用。

18. 正在打掃的客房，嚴禁外人進入或參觀。

19. 不可攜帶氣味濃烈的食物（如榴槤）至樓層。

20. 保持客房樓層寧靜，嚴禁高聲喧嘩、談話、嬉笑及製造碰撞聲。

21. 與客人交談時，特別注意語言上之輕重與禮貌，特別是本國客

人。

22.推工作車時如遇房客，應停車讓房客過後才前進。

23.不可在掛有請勿打擾牌（DND）的客房門前吸地毯以及製造聲響而打擾房客休息。

24.整理客房若有打開窗戶時，切記整理完畢後要鎖上。

25.嚴禁利用客用毛巾擦拭水杯、馬桶、地板，且清理客房工作應逐房一一完成，切記不可先完成清潔工作後又再次開門逐房吸地毯。

房務小百科　　窗簾

　　不管飯店具有什麼樣的風格，窗戶都是客房的焦點。而每個窗戶都有其激動人心的裝飾潛力。裝飾窗戶並不只是挑選一塊與房中其他裝飾物相配的布料，做出一幅簡單的窗簾掛起來裝飾，它會產生戲劇化的改善或改變，哪怕是最單調乏味的窗戶外貌，也可給任何房間增加特色和個性。選擇窗簾裝飾窗戶是十分自然的事情，窗簾不僅提供了圖案、色彩和質地，它們的實用性也是不可忽略的。窗簾保護隱私並且必要時可作屏蔽遮擋不盡如人意的景觀。此外，亦可以利用窗簾的遮光性強或弱，來調整房內的透光量，以及擋風保暖、遮陽避暑。窗簾還能從視覺上改善具有奇特形狀的房間比例，改變一個毫無生氣的房內外觀。

　　對窗簾布平時的維護，建議每隔一至二週即使用吸塵器、雞毛撢子或靜電撢子，將其表面的灰塵去除。並且最好一年清洗二至四次以上，便能延長窗簾布的使用年限。窗簾的洗滌方式如下：

1. 先將窗簾拆卸後，再將背後的S型鐵鉤或塑膠鉤拔下，以免清洗時鉤破布料或產生鐵鏽痕。

2. 將拆卸後的窗簾布浸泡於加有兩匙冷洗精的洗潔劑中浸泡大約五至十分鐘後，再用手輕輕的搓洗乾淨，如此在清水中重複清洗三次，並利用兩根竹竿將窗簾布背面朝外呈M字形晾起來陰乾，避免陽光直接照射以致退色，效果會更好，乾得更快。

3. 若用洗衣機清洗時，先將窗簾布摺成小塊後，再放入洗衣機中加入二匙冷洗精或中性洗衣粉（切記不可使用漂白水以免退色），再使用洗衣機功能鍵上之「清洗毛料衣服」或「低速洗衣」功能清洗二次即可，脫水時請使用低速脫水約一至三分鐘即可，以免脫水太久容易造成布料變形。再將窗簾布依照前述方式晾乾即可。

4. 晾乾的窗簾布必須先以兩人將窗簾布上下端拉直，再依頂端之摺景將窗簾布一片一片摺起來（此時注意每片摺景布寬須一樣寬）即可，用80℃-120℃的溫度熨燙，請記得在熨燙前要先墊上襯布，燙好時將拆卸下的S型鐵鉤或塑膠鉤插上，再裝入軌道上的滑輪孔即可。

5. 若有做上蓋式的造型，窗簾上加有裝飾品，如絲穗或吊穗於窗簾布旁邊，請儘量送乾洗或手洗以防止變形。

6. 有些窗簾布因材質特殊（如背膠窗簾）或像編織方式較特殊的布（如針織布）務必送乾洗，切勿水洗，以免布料損壞或變形。

第三節　個案探討與問題分析

一、房務個案

(一)惡作劇的鈴響

　　Debbie：總機人員，二十三歲，二專剛畢業

　　Echo：房務員，三十三歲，在職二年

　　大廳裡，細小的嬉笑聲漸漸擴大，導遊純熟地將學生們分配房間、通知待會用餐時間及地點後，便解散了。

　　（用完餐後）

　　學生們在餐廳裡開心地用完晚餐後，有的離開飯店讓自己悠遊在一片遼闊的大自然中，或在附近的古玩商店街裡，尋找新鮮與刺激感，或在附近的高台眺望著屬於這裡的獨特夜景，而部分選擇留在館內的學生依舊四處觀察探索著祈情飯店的獨特建築與人文特色。祈情飯店以平價消費等的行銷手法獲得來訪旅客喜愛，因此，在館內的客人，通常會在飯店裡搶購某一種飯店專屬設計的物品。天色已漸漸晚了，學生們也陸陸續續地在一片熱潮中回房點名。

　　回房點完名後的學生，大多在客房的陽台玩起大老二及心臟病，而802號房的兩個男生，實在是耐不過無聊，玩起了按門鈴的遊戲。

　　（另一方面）

　　「鈴鈴……」

　　「總機，您好。」

　　「小姐，我是808號房的住客，剛剛有好幾次聽到按門鈴的聲音，但是當我開門時卻沒看到人，這應該是有人在惡作劇吧！我很累了，可不可

以幫個忙啊！」

「先生，真的非常抱歉，我們會馬上處理，謝謝您，晚安！」總機Debbie覺得這假使真的是惡作劇的話，一定會造成連鎖反應，於是打了通電話至房務辦公室。

「您好，我是Debbie，您是Echo姐嗎？剛有位八樓的客人打電話下來反應有人按門鈴，可是開門卻不見人影，Echo姐可以麻煩您注意一下嗎？」

「好，我知道了，我會去看一下，謝謝妳Debbie。」Echo姐說道。接下來總機陸陸續續地接到來自同一樓客人的反應電話，而房務部Echo姐從監控中心調查，發現真有人惡作劇後，這件事算是有個底了……

（八樓客房的走廊上）

隨著門輕啟，一個小小的身影躲在門後東張西望地觀察著，確定無人在走廊上走動後，便跑出走道，只見他的嘴角偷偷地露出微笑，走到一間客房前正要按下門鈴時，突然在門後埋伏很久的Echo抓住時機——

「咳！」這一聲讓這位惡作劇的學生正舉起的手迅速地收回，並裝作撫弄頭髮的模樣，心虛地慢慢往前走去。

Echo在後頭忍住想笑的念頭，故意的問道：「先生，請問需要幫忙嗎？」

男孩滿臉通紅地趕緊說：「不……不……不用了，我——我在找同學，對，我在找同學……」接著便急急忙忙地跑到另一位同學的房間去了。

回到辦公室的Echo遇見房務經理，於是向她報告這件事情，不多久，房務辦公室傳來電話鈴聲——

Echo接完電話後，向房務經理說道：「經理，櫃檯打電話來說九樓有客人反應911號房有砸東西和吵架的聲音，吵得隔壁的房客無法入睡。」而這又是另一件房客的抱怨事件了。

(二)惡意跑帳的客人（上）

Sylvia：冷靜心的國中同學，目前任職祈情飯店房務部主管
Debbie：總機人員，二十三歲，二專剛畢業
金慶垺：920號房房客
高領班：房務部領班之一

民國90年的某天，艷陽高照而蟬聲連綿，「鈴鈴……」，一道細細的電話鈴聲劃過祈情飯店的總機室。

「小姐，我是920號房的金慶垺，房務經理在不在，請妳們經理聽電話。」920號房的客人用一口流利的台灣國語說道，一般人都聽得懂這語氣中帶著多少的火藥味，金慶垺先生已經三番兩次打電話給房務部經理，總機的Debbie趕緊地轉接給房務部經理處理這件聽起來似乎相當麻煩的意外。

房務經理掛上電話後，心事重重地打了電話至總機向Debbie這麼說：「Debbie啊！下次記得先問客人有什麼事以後，告訴我大概是怎樣的事情，讓我有些心理準備，再將電話轉給我，不然我還覺得滿『監介』的。」Debbie當然知道是怎麼一回事，但她只想知道這位客人他又怎麼了。

這位客人是飯店的常客，他的客房時常掛著DND牌，也許是他相當注重隱私吧！這已不是第一次打電話到房務部反映了，但卻是第一次打電話給房務經理，經理即刻請領班至辦公室商討此事。

「高領班，920號房的金先生已打電話到房務部辦公室和我抱怨了，他說，昨天明明都已掛上了DND牌，而當他正在浴室洗澡時，房務員居然就這麼闖了進去，他非常生氣的把房務員臭罵了一頓，指責飯店人員太不尊重客人的隱私了，這件事情妳們怎麼都沒人告訴我呢？昨天的事先暫且別說，今天他非常生氣地告訴我說，剛回到房間時，發現房門被打

開過而且並未上鎖，尤其他已經掛上了DND牌，這怎麼一回事啊！是哪一位房務員打掃的，怎會這麼粗心大意呢？」經理將客人的反映告訴了領班。

高領班娓娓道出關於昨日金先生客房的事情，「經理，昨天920號房的金先生在下午兩點時，依然掛著DND牌，而房務員塞了客房清潔通知單告知客人我們正等待為他清潔客房，後來，我打電話給客人想詢問是否需要打掃客房，正巧客人一直都沒接電話，我以為客人不在房內了，就請房務員進去打掃了，才發現客人在洗澡，沒聽到電話鈴響。今天金先生一樣掛著DND牌，我請櫃檯確認客人是否在房內之後，房務員便進去打掃，這次忘了關好客房，可能是因為趕房間，經理，非常抱歉，稍等我會查出是哪一位打掃的？」經理知道這件事後，便向客人做了某種程度的賠償，並請高領班特別留意這間房的情形。

隔天，920號房依舊掛著DND牌，這時負責此客房的房務員怕事情重蹈覆轍，並詢問領班是否打掃。由於客人已經做這樣的抱怨了，因此領班便告訴房務員：「算了！做也錯，不做也錯，這間先不要掃了！不然客人又要說話了。」但這兩天不僅僅電話沒人接聽外，這兩天的客房清潔通知單也都全無音訊，結果就這樣地，高領班自認為相安無事的過了兩天，卻不曉得920號房的金慶埰先生已不在飯店一天半了。

(三)惡意跑帳的客人（下）

　　金慶埰：920號房房客，四十歲（綽號「青菜」）

　　劉乃平：海億貿易公司的行銷經理（綽號「牛奶瓶」）

（發生房務員未關上房門的事件後的隔天）

早上十點多，櫃檯接到一通920號房房客的訪客電話，不久920號房的金慶埰先生打了通電話交代櫃檯，「櫃檯嗎？小姐，半小時後會有一位

海億貿易公司的劉乃平經理來找我，待會兒請他直接上樓即可，麻煩妳了，謝謝。」

（約一小時後）

一位海億貿易公司的劉乃平經理果然來到櫃檯，櫃檯員便請客人直接到920號房，不久金先生又點了兩人份的客房餐飲服務，兩人則在房內邊用餐邊討論了。

「青菜，你不是說你已經沒錢了嗎？還點這麼好的餐啊！你還真壞心哦！」自稱海億貿易公司行銷經理的劉乃平，用些許嘲弄的口氣對金慶埰說著。其實他們兩位並不是什麼正派公司的主管，卻時常在飯店中妥善運用「澳客」使用的「撇步」（台語）。

金慶埰露出一口檳榔紅的牙齒笑著說：「你怎麼這麼說，你看看有好康的事我都會找你一起享受啊！哈……」用完餐後，兩人便悠哉地離開了飯店，這是他離開飯店的第一天，但他的房門卻依然掛著DND牌。

由於前兩次已被客人投訴過，接下來的一兩天都只放客房清潔通知單，卻不知客人早已離開了，直到920號房金先生離開的第三天，事情才被揭露出來——

這一天晚上總經理臨時到飯店樓層中突檢，突檢的樓層正巧是九樓，當他見到920號房的客房清潔通知單還在門縫中時，感到相當訝異，便詢問晚班房務人員事情的來龍去脈，總經理聽完後，即到920號房想問候這位金慶埰先生，按了二、三次的門鈴一直都無人應聲，因此總經理覺得事有蹊蹺，便要求夜班人員打開房門讓他進去，結果卻發現早已人去樓空了。

隔天，總經理馬上召見負責打掃此區段的房務員、房務主任、樓層領班及房務部經理，問明事情始末為何？明明已經三天沒人住房了，為何都沒人發現呢？

後來經過調查，才得知原來是這位清掃的房務員再塞第二張客房清潔

通知單時，將第一張通知單一併收下，到了第三天時，她塞第三張客房清潔通知單時，依然把第二張收下，因此領班就認為客人有回客房，只是打電話時碰巧客人不在，因此全飯店的工作人員都認為920號房的金先生有回來過，只是碰巧沒遇上而已。

二、問題與討論

1.請問您若為飯店房務員，如果遇上客人惡作劇似地亂按門鈴，您會如何處理？

2.請問您認為房務個案(一)中的房務員Echo處理事件的方式如何？

3.請問您若是房務員，房務個案(一)中九樓的房客反應，因隔壁客人太吵致使無法入睡，請問您的處理方法為何？

4.請試述房務部領班的職責。

5.請問客人掛上DND牌，飯店通常會規定何時應當塞客房清潔通知單？

6.請問高領班在房務個案(二)的情況裡，在處理上出現了哪些疏失？

7.承上，請問您若為本飯店的房務部經理，920號房的金先生向您抱怨時，您會先如何撫平客人的情緒？

8.請問房務個案(三)負責打掃的房務員犯了哪些錯誤？

9.若您為祈情飯店的總經理，當您發現920號房的客人已離開，您會如何處理？

10.若您為房務部的工作人員，請問除了可藉由客房清潔通知單來辨別客人是否有回來過之外，還可透過何種方式辨別呢？

11.若您為祈情飯店負責打掃此客房的房務員，您應如何處理才適當呢？

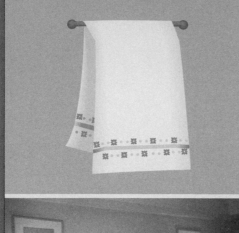

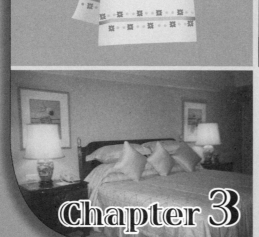

Chapter 3

客房型態

本 章 重 點

> 青年學生，不應計較職位的高低，不問待遇多少，不怕苦、肯犧
> 牲，從基層做起，紮下穩固基礎，才能出人頭地。　　──王廣亞

　　針對不同類型客人的需求，飯店亦有多種客房型態提供客人住宿，以滿足客人的需求。一位商務旅客來櫃檯辦理登記手續，此時，櫃檯人員所提供給旅客的就是商務套房，因為在商務套房內，有傳真機或書房等一般客房所沒有的設備；而若為家庭式之旅客，則會提供連通房之房間型態給客人住宿，因為此房型是兩間客房能互通。因此，飯店依客人需求之不同，所提供的房間類型也就不同，而依房間種類、空間大小、功能以及設備的不同，房價亦有所差異。本章分三部分說明，首先介紹房間類型；其次介紹床鋪的種類；最後則為個案探討與問題分析。

 第一節　房間類型介紹

　　房間種類大致可分為客房（Room）及套房（Suite）兩種，在客房種類中，可分為單床房、雙床房、連通房以及和室房四種；在套房種類中，又可分為標準套房、豪華套房、商務套房、特殊套房以及總統套房五種，就各種不同客房床型、設備以及功能之不同做介紹。

一、客房種類

　　客房只有單純的臥室及衛浴設備，一切從簡，當然價位也較為低廉。大致上分為單床房（Single Room）、雙床房（Twin Room）、連通房／連結客房（Connecting Room）以及和室房（Japanese Room）。

(一)單床房

就單床房而言，分為單人單床房（Single Bed Room）和雙人單床房（Double Bed Room）。

1. 單人單床房：房間內有一張Queen-size的床鋪，可容納一個人睡，設備較簡單、空間較小，一般提供給散客及商務客使用較多。
2. 雙人單床房：房間內有一張King-size的加大雙人床床鋪，可容納兩個人睡，其房價較單人單床房高，一般提供給散客及商務客使用為多。

◄◄單人單床房僅容納1人入住，設備上也較為簡易（圖為知本老爺大酒店）

►►雙人單床房可容納2人入住，房價也略高（圖為台北亞太會館）

(二)雙床房

　　房間內有兩張小床鋪，設備較簡單、空間較小，主要提供給團體客使用。就型式而言，共分為雙人床式（Twin Style）和好萊塢式（Hollywood Style）兩種。

　　1.雙床式：兩小床的中間隔有一個床頭櫃，此種型式台灣較為普遍。
　　2.好萊塢式：兩小床合併在一起，兩側各有一個床頭櫃，可作為單人房或雙人房使用，增加安排房間的彈性空間。在國內台北力霸皇冠飯店就有此式床型，而在國外也易見。

◄◄雙床式雙床房為兩小床的中間隔有一個床頭櫃，台灣較為普遍（圖為知本老爺大酒店）

►►好萊塢式雙床房為兩小床合併在一起，可作為單人房或雙人房使用，（圖為Hotel De La Paix）

(三)連通房／連結客房

兩間獨立的客房內各有一扇門，可將房門打開互通，即可通往此兩間客房，而若需獨立出售時，則可將兩扇門的門鎖鎖住；主要提供給熟絡的三、五好友如果想住近一點沒事串串門子，亦可提供給家庭，當作親子房使用。

(四)和室房

以通舖為主，可容納多位住客，其傢具、衛浴設備較一般種類來得低（矮），以日本人士使用居多。

和室房可容納多位住客，其傢具、衛浴設備較一般種類來得低矮（圖為知本老爺大酒店）

二、套房種類

旅館的套房大多集中在樓層較高的商務樓層（Executive Floor），此樓層有專屬的會議室、圖書室，甚至下午茶餐廳。一般而言，大致分為

標準套房（Standard Suite Room）、豪華套房（Deluxe Suite Room）、商務套房（Executive Suite Room）、特殊套房（Special Suite Room）以及總統套房（Presidential Suite Room）。

(一)標準套房

坪數較一般客房大，基本隔局為一廳、一臥房及一衛浴設備，是套房等級中房價最低廉的一種。

(二)豪華套房

坪數更大，隔局為一臥房、多廳及一（含以上）衛浴設備，是等級較高的套房，甚至有廚房或書房的設備，屬於高檔的享受。

豪華套房為等級較高的套房（圖為知本老爺大酒店）

(三)商務套房

　　位於商務樓層的轉角套房（Corner Suite）。此類套房，面積約為兩間套房，不僅面積大，在房內的視野上，也因有兩個不同的面向而更加寬闊，這類套房的房價相對的也較高。

商務套房之設備，左為傳真機，右為燙褲機（圖為台北華國大飯店）

(四)特殊套房

　　臥房及衛浴設備等的客房內含有殘障設施，主要提供給行動不便的殘障人士使用。

特殊套房內含有殘障設施（圖為知本老爺大酒店）

(五)總統套房

　　總統套房可說是一家飯店的標竿，豪華的裝潢、傢具等設備都是飯店客房種類中最好的，使用率低，房價昂貴，同時亦是一種身分的表徵。

總統套房之臥室使用率低，房價昂貴，為使用者身分的表徵（圖為台北華國大飯店）

 ## 第二節　床鋪類型介紹

　　床鋪在客房的整體美感中占有相當重要之地位，在客房所有傢具中，對客人而言，床鋪為最重要也最基本的訴求；床鋪的整齊美觀，能使客房增添美感，亦能有溫馨的感覺。因此，如何讓顧客有一張舒適、美觀的床鋪，其中的學問包括對床鋪的種類、床具的組成以及寢具種類之認識，以下將針對上述一一介紹。

監獄旅館(一)

旅館
世界觀

蓋比爾山「監獄」旅館（"The Jail" of Mount Gambier）

世界上千奇百怪的旅館還真不少，不過大概很少有旅館會比位於南澳蓋必爾山（Mount Gambier City）市郊的這家旅館更符合監獄旅館的形象了。首先，它的名字乾脆又直接，就叫做「監獄」，再者，這座從1864年建成的監獄所改裝的旅館，高聳的外牆加上以石材為主的建築主體，仍完整保存一百四十年以前所蓋成的堅固冰冷風格，由囚室所改建的客房，都相當的簡單樸素，沒有任何多餘的裝飾。

「監獄」目前提供二間雙人床的房間以及八間二張單人床的房間，這兩種全是由原來的囚室所改裝的，二間三人房和一間五人房則是由原來的監獄守衛住處所改設的。住在這裡，最特別的除了可以體驗昔日「牢籠」的滋味，還有機會深入瞭解這裡深具歷史的一磚一瓦、一草一木。例如有些房間的牆壁上可以看到當年犯人所畫的壁畫。花園則是當年犯人自己種菜養活自己的地方，有時候多餘的菜還可以供給醫院呢！至於高高的圍牆可不是為了怕犯人越獄，而是為了防範鎮民偷偷越牆偷拔菜！如果仔細查看，其中一面牆裡面則埋有一座槍台。這所監獄也曾經在十九世紀執行過三起絞刑，被處死的犯人屍體據說就埋在牆裡面，聽起來讓人毛骨悚然。一間被稱為「死刑囚室」的囚室，則是死刑犯即將被絞死的前一刻所待的地方，也是目前唯一完整保存下來的囚室。

這所監獄一直到1995年關閉，1999年轉型成為現今的旅館形式。「監獄」除了提供餐食，也開放廚房讓客人自行烹飪。另外有電視廳、撞球桌，以及設有壁爐的安靜的大廳供客人使用。昔日犯人放風的庭院，也成為客人可以舒展活動的地點。

資料來源：太陽王國網路事業股份有限公司。

一、床鋪的種類

　　床鋪的種類中，有特大床、大床、小床、加床等九種不同的種類，而各飯店所採用的床鋪及尺寸皆有所不同，故以下資料為一般多數觀光飯店所採用的標準，實際尺寸仍依各飯店實物為準，茲說明如下：

(一)特大床（King-size Bed）

　　屬於加大床，一般多用於套房，尺寸為180cm×200cm。

(二)大床（Queen-size Bed）

　　屬於加大床，一般多用於三人房，包含一張大床以及一張小床，稱母子床，是母子床中的大床，尺寸為150cm×200cm。

(三)小床（Single Size Bed）

　　一般多用於雙床房中的小床，尺寸為120cm×200cm。

母子床一般多用於三人房（圖為墾丁凱撒大飯店）

(四)雙人單床（Double Size Bed）

一般多用於標準房，尺寸為140cm×200cm。

(五)加床（Extra Bed）

同Roll-away Bed（移動床），一般為客房再加上一張可以移動式的單人床，必須另付費。

占床與加床

一般成人均為「占床」，除非三位成人同住一房，第三人則視同「加床」。

兒童占床：一名兒童與一名成人合住一間雙人房時，需使用兒童占床售價。

兒童加床：一名兒童與二名成人同住一間雙人房，外加兒童一張床，使用兒童加床售價。

兒童不占床：一名兒童與二名成人同住一間雙人房不需加床時，使用兒童不占床售價。

加床必須另外付費。左為裝飾前；右為裝飾後（圖為台北華國大飯店）

(六)沙發床（Sofa Bed）

同Studio Bed、Hide-a-Bed（隱藏式床），又稱史大特拉床（Statler Bed）。早上床邊可折疊起來，當作沙發用，晚上當單人床用的兩用床，最適合小房間所使用。

沙發床最適合小房間所使用，早上當沙發用，晚上當單人床用（圖為墾丁凱撒大飯店）

(七)併床（Due Bed）

白天可分成兩部分，一張床當單人床用，另一張床當沙發用，到了晚上則可拿來當雙人床用。

(八)裝飾兩用床（Space Sleeper）

同Murphy Bed，白天可放入壁櫥作為裝飾用，此房間就可當作為開會場地使用，到了晚上可以把床拉下來當作單人床使用。

裝飾兩用床於白天時可放入壁櫥作為裝飾用（圖為台北華國大飯店）

(九)嬰兒用床（Baby Bed）

同Crib、Cot。但Crib是床的四周有用柵欄圍豎起來的嬰兒床；Cot（英式英文）是沒有床架、床頭板及床尾板，金屬製的彈簧床座及床墊均可由中間摺疊起來，床腳附有車輪，以方便移動用。

房務作業管理

二、床具的組成

床具是由上墊（Mattress）、下墊（Spring Box）及床腳（Bed Stand）三個部分組合而成的。上下床墊結合可增加彈簧的彈性空間及睡臥的舒適，而床腳是支撐整個床的重心。茲敘述如下：

(一)上墊

由軟而小的彈簧所組成的軟式床墊。世界標準床墊尺寸厚度為17-19公分，而床墊至地板世界標準高度為50-55公分。

(二)下墊

由硬而大的彈簧所組成，下床墊不僅有承托上層床墊的功能，它更可使上層床墊彈簧作用靈活，有效吸收上層床墊所承受壓力，延長彈簧的使用期限。

(三)床腳

床的下方由床柱及輪子組成，用來支撐床具以利於移動，且方便清潔床下地毯之用。

三、床鋪寢具種類

一張完整、漂亮的床鋪必須要由很多種的寢具組合而成，缺一不可。其大致分為床裙、羽毛被、枕頭等八種，茲說明如下：

(一)床裙（Bed Skirt）

將床的下墊四周包覆裝飾用布套，一般皆以高級布料裁製而成。

(二)保潔墊（Bed Pad）

覆蓋在床上面的布墊，以免穢物直接滲透入床單而污染上墊的保護墊，必須定期換洗或過髒時換洗。

(三)毛毯（Blanket）

以第一層和第二層之床單包住毛毯，以供房客睡眠覆蓋身體之用，為較早期的飯店普遍使用，但現今的飯店也逐漸改用羽毛被。

(四)羽毛被（Down Comforter）

以被套套住羽毛被，以供房客睡眠覆蓋身體之用，為現今飯店普遍使用。

(五)枕頭（Pillow）

大概略分為下列三種：

1. 羽毛枕（Down Pillow/Feather Pillow）：以鵝絨製成的，柔軟、舒適，有軟、硬、一般之分，以羽毛部位及紮實度來做區別，特點為重壓後會慢慢地膨鬆而恢復原狀，此為一般飯店業普遍使用。
2. 海棉枕（Foam Pillow）：以棉絮製成的，特點為重壓後立即恢復原狀，一般作為備用枕，主要提供給對羽毛過敏的房客。
3. 木棉枕（Hard Pillow/Cotton Pillow）：以木棉製成的，主要提供給一般不喜歡睡柔軟枕頭或頸部受傷的房客。

(六)枕套（Pillow Case）

一般而言，枕套大概略分為下列兩種：

1. 內枕套：用以完全包住枕頭的枕套，必須定期換洗或過髒時換洗。

2.外枕套：用以包住枕頭與內枕套的外層枕套，必須每日換洗，一般
　來說材質與床單相同；而報廢的枕套亦是清潔鏡面的好工具，因為
　它較不易起棉絮。

(七)床單（Bed Sheet）

鬆緊床單世界標準長度為19公分。一般計算床單尺寸的方法為床的
長寬尺寸加上大約120公分來作為床單的尺寸。

1.大尺寸之床單：供特大床或大床使用。

2.小尺寸之床單：供單人床或加床時使用。

3.床單之材質與枕套及被套相同：

　(1)全棉：質感佳、溫暖舒適且吸汗，但價位高，使用壽命短而不
　　易整燙。

　(2)混紡：質感較差、冰冷平滑，但價位較低，使用壽命長而易於
　　整燙。

(八)床罩（Bed Cover）

鋪完床後，用以覆蓋床鋪表面，並顯示高雅大方的裝飾外罩，有防
塵功能，一般皆以高級布料裁製而成；而現今有些飯店停用床罩，除了
簡化工作分量，也有精簡人力的考量，以降低晚班開夜床的人力。

房務小百科　　床墊

　　根據李欽明（1998）《旅館客務管理實務》及席夢思（SIMMONS）公司之保養床墊的方法綜合整理如下：

1. 翻轉床墊：飯店規定以季節來作為床墊定期翻轉的依據，使床墊各部分的彈簧受力均勻，以延長使用壽命，並以每一季來制定編號，編成1至4號，分別貼於床墊的兩面，且須注意床墊上的編號字跡必須清楚明瞭以及不可擅自更改或塗寫。

　　(1)床墊正面為單數，編號「1」貼於左下角，編號「3」則貼於右上角。

　　(2)床墊反面為雙數，編號「2」貼於右下角，編號「4」則貼於左上角。

　　(3)第一季以編號「1」左下角、編號「3」右上角為其標準。

　　(4)第二季將床墊從右向左翻轉180°，使編號「2」置於左下角。

　　(5)第三季從床頭向床尾翻轉180°，使編號「3」置於左下角。

　　(6)第四季將床墊從左向右翻轉180°，使編號「4」置於左下角。

　　(7)第一季床墊從床頭向床尾翻轉180°，使編號「1」置於左下角。

　　(8)從第一季以後的床墊翻轉程序，按上述方法以此類推。

2. 避免坐在床邊及在床上跳躍，以免損害彈簧壽命。

3. 定期使用吸塵器清理床面及床緣。

4. 床墊最忌水分侵入，蓋上床單或保潔墊，不僅有吸汗功能，同時也能經常清洗，以確保睡眠健康和保持床面清潔與衛生。

5. 不在床上使用電器或抽煙。

6.避免在床墊上飲用果汁或任何飲料，如不慎將飲料倒入床墊時，可用衛生紙以重壓方式吸乾水分或用去漬油在布的表面輕輕擦拭，再用吹風機冷風吹乾，不要用水或清潔劑。

資料來源：作者整理。

 第三節　個案探討與問題分析

一、房務個案

(一)都是孩子惹的禍

　　Alice：櫃檯員，二十三歲，在職五個月
　　Rose：二十三歲，餐廳服務生
　　Toast（阿凸）：二十一歲，實習房務員
　　菽玲、秀荳、頤萱：學生團的學生

　　「早啊！Alice，上早班哦！」本來微靠站在櫃檯旁的Rose，看見櫃檯的服務員，便向她走去。

　　「今天有一團學生團哦，好像四十個人，聽說是上次來班遊的那團耶！」Alice口氣中藏著一股莫名怨氣。

　　「不會吧！那團學生最討厭了，愛玩又愛吵的。」Rose伴似抱怨地跺著腳。

　　「對啊！讓我完全不知道怎麼安排房間才好，真不知道這次他們會不會乖一點哦！」

「我想不會──比較乖……」

「聽說上次他們在飯店的陽台烤肉呢！結果觸動感應式警報器，讓大家虛驚一場，忙壞了飯店上上下下的內勤人員。雖然飯店幸好沒發生火災，卻因火星飛進房裡，燒焦一小塊的地毯，飯店又因為剛好更新該樓的地毯，因此房務部經理向主辦人要求賠償。而由於觸動警報器，讓所有館內住客及用餐的客人紛紛不安地詢問著，造成許許多多不便的問題。我真想不通為什麼這次還會接他們的團？」櫃檯小姐不解及抱怨地說著。

「對啊！上次可害慘了我們西餐廳呢！每個客人都在問是不是發生火警了，有的來用餐的客人吃了一半就趕緊離開了，真不知道他們是幫我們還是害我們呢！」Alice與Rose聊了一會兒，便各自回到自己的崗位上去了。

（四天後）

早上十一點即將辦退房（Check-Out）的學生團領隊，一邊辦著退房手續，一邊發落著學生們待會兒中午用餐的餐券，學生三三兩兩地將看似笨重的行李拖下了大廳，正當他們陸續用餐時，突然櫃檯員到餐廳來找這一團的領隊，兩人說了幾分鐘之後，領隊突然站了起來說：「哪一位的房間鑰匙沒還啊！現在還缺三支哦！」迷糊的學生在同學們的叫囂聲中交出了鑰匙，各自回座，大家仍然相當愉悅地互相嘻笑著。坐在領隊對面的菽玲是一個相當沉靜的女孩，從她的眼神中，可以察覺到一絲絲的注意力落在領隊身上，似乎認為還有其他事情將會發生。

領隊將鑰匙歸還給櫃檯後，拍著手示意學生安靜下來，一陣喳雜聲下領隊說話了，這次領隊的表情隱隱帶著點無奈感地說：「住在917的同學麻煩到這裡來一下。」領隊和這幾個學生一同前往櫃檯了。

今晚的月光相當明亮，從917號房裡傳出的玩鬧聲，只能笑著說這些學生們總在飯店裡打打牌、玩玩枕頭戰……的活力象徵吧！一進了門，秀

葶、頤萱便邀了幾個同學帶著自己的杯子到客房聊天玩牌，在一陣吆喝下卻不小心打翻了放在化妝台上的500cc.咖啡，咖啡隨著桌緣筆直地奔向義大利製地毯以及旁邊的枕頭上。為了掩飾罪證，其中一位將浴室裡用過的大毛巾摺好後覆蓋在地毯上，也因為少了個枕頭便向總機要求加枕頭了。

　　隔天11點半時，實習房務員Toast第一次遇上這樣的事件，不知如何是好，於是她便打了通電話給房務部經理，但鈴聲直響卻沒人接聽。剛好一位房務員阿姨經過，便告訴Toast說：「阿凸，妳先把水倒在地上用牙刷刷看看。」

　　Toast便拿了熱水在地上開始刷了起來，刷了許久仍然沒有改善，而大毛巾以及枕頭則靜靜地躺在一旁……。後來聯絡上了房務部經理（此時也告知櫃檯此事），經理認為時間過長已經刷不起來了，便請清洗地毯的員工來洗刷地毯，經過一番努力後，終於將大部分的咖啡印漬刷了下來，卻讓一大塊地毯變得蒼白了，房務部經理便交代將其拍照下來，然後要求客人賠償。

(二)抓姦的客人

　　Toast（阿凸）：二十一歲，實習房務員
　　靜楀：至飯店找老公的女客人
　　冷靜心：作家，年齡不詳

　　緩緩地走向電梯那端，我（冷靜心）和一位神情古怪的房客擦身而過，她的眼神帶著一絲不易察覺的情緒，我進了透明的電梯，看見她走向長廊遇上一位房務員時，似乎想詢問什麼似的，卻話到嘴邊又硬吞了回去，欲言又止的模樣，我想這一定有什麼事情發生吧！

　　（另一方面）

　　一早在房務辦公室裡領班分配房間數後，Toast就到備品室裡補充一些

備品，隨後立即到八樓準備開工去了。

　　靜楇踩著一絲不確定的步伐踏出了電梯，帶著略為沉重的腳步，循著指示牌上的房間前行，迎面遇上一位推著備品車的房務員（Toast）輕輕地對她說道：「小姐早安，請問有什麼我可以幫得上忙的嗎？」只見靜楇欲言又止的，像似提起了勇氣，卻又硬是將嘴邊的話吞了回去，僅說了一句：「沒事，妳忙吧！」Toast推著備品車往15號房繼續工作，正當她打掃浴室時，她愈想愈覺得古怪，便覺得應當向副理報告，因此停下手邊的工作，打了通電話給房務副理。

　　「副理您好，我是阿凸，剛在八樓整理客房時遇到一位女客，她的表情怪怪的，好像想要問我話，但卻沒說，覺得很奇怪，我們需要注意一下嗎？」Toast想表達這位女客人的怪異行徑。

　　「阿凸，沒關係啦！客人的私事不要管太多。」副理急忙地掛上電話。Toast在好奇心的驅使下，忍不住地邀約送行李的行李員一探究竟。

　　靜楇站在815號房門前許久，從她身上似乎透露著強烈的恨意，她回到櫃檯訂了間同樓層的客房，然後又繼續站在815號房前望著。Toast和行李員上樓後，靜楇這次將Toast叫入客房，行李員想跟進來卻被她擋在門外。

　　「先生你等一下，來一個人就可以了。」她將行李員支開後反身將門關上。

　　「小姐您好，請問我可以為您做什麼嗎？」Toast緊張地問著。

　　「小妹妹，我想點餐，妳有菜單嗎？」靜楇心有旁鶩地說著，Toast便拿了張客房餐飲的菜單讓靜楇閱覽點菜，但是她看完後卻又說：「不用了，小姐……，妳能不能幫我查今天C/I的客人房號呢？」

　　Toast面有難色地告訴靜楇這事情不太妥當，請她親自與櫃檯接洽，可是靜楇相當堅持要房務員親自幫她問櫃檯，Toast為難地表示不能保證查得到，只好打了通電話給櫃檯詢問今天C/I的客人房號，卻沒想到櫃檯輕

易地告訴了Toast。後來靜楠告訴Toast事情的來龍去脈，才得知她接到朋友告知今晚靜楠的丈夫帶著一個身材曼妙的女子相偕地走進8樓15號的客房。

我（冷靜心）習慣地往大廳走去，以一種閒適的心情面對這一天的開始，一進了大廳感覺似乎蘊藏了些完全不同於平日的緊繃氣氛，不久卻見一位左臉上帶有鮮紅巴掌印，並且戴著墨鏡的男客面色凝重地走向櫃檯。

二、問題與討論

1. 在房務個案(一)中，請問您若為房務部經理，您會如何處理？
2. 承上，在一旁的大毛巾與枕頭已被咖啡染上了顏色，身為房務員的你應如何處理？
3. 請問您為飯店之房務部員工，假使感應式警報器突然鈴聲大作地響起，您應該如何處理？
4. 請問您覺得房務個案(二)中的房務員Toast（阿凸）的表現是否得宜，理由為何？
5. 假如您是房務員Toast（阿凸），您會如何處理上述事件呢？
6. 請分析房務個案(二)中飯店房務部副理處理事情的態度。
7. 請問飯店從業人員應如何處理客人至飯店抓姦的事件？
8. 請問房務個案(二)中，飯店是否有失誤？請加以說明。

Chapter 4

房務部專業單字與英語會話

房務部專業單字
　　客房種類、傢具與配件
　　臥室與客廳、浴室、衣櫥
　　洗衣服務、書桌、迷你吧台

房務部專業英語會話
　　房務員打掃房間用語、備品補充用語
　　設備維修服務用語、夜床服務用語
　　客人尋找遺留物用語……

個案探討與問題分析

禮貌——歡呼生活中親切的小處禮貌，因為它使得人生旅途一切順遂。
——Laurenee Sterne

英語是國際共通的語言，利用這項媒介能與來自不同國家的旅客形成溝通的橋樑，藉由英語表達我們的友善以及瞭解他們的需求。雖然房務員首要職責是整理客房，但是仍常有機會與外國旅客接觸，一句簡單的問候便能打破他們的疏離感，而外國旅客的需求也須透過我們對旅館英語專業術語的瞭解，才能尋求解決。本章分三部分說明，首先將為您介紹房務專業單字；其次介紹房務專業英語會話；最後為個案探討與問題分析。

 第一節　房務部專業單字

一位稱職的房務員不僅只是鋪床，而且必須對房間內的各種設施與備品有所瞭解，以利其工作。為使房務員的服務達到國際水準，其專業的語文能力不可忽視。因此，將客房內常用各項備品與設施分門別類介紹說明如下：

一、客房種類（Room Types）

Corner Suite：角落套房
Deluxe Double：豪華雙人房
Double Room：雙人房
Junior Suite：小套房
Single Room：單人房

Standard Room：標準套房

Twin Room：雙床房

二、傢具與配件（Furniture and Accessories）

Chain Lock：門鍊

Chaise：貴妃椅

Couch：長沙發

Do not Disturb：請勿打擾牌

Hall Closet：壁櫥

Master Key：通用鑰匙

Peep Hole：窺視孔

Please Make up Room：整理房間牌

Roll Top Desk：有蓋寫字檯

Spare Pillow：備用枕頭

Wicker Laundry Basket：客衣藤籃

貴妃椅

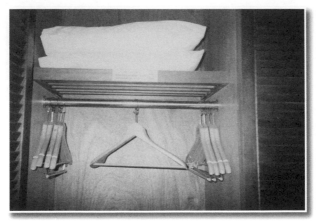

備用枕頭、衣架

三、臥室與客廳（Bedroom and Living Room）

(一)床頭櫃（Bed Table）

Alarm Clock：鬧鐘

Bible：聖經

Yellow Pages：工商分類電話簿

(二)電視櫃（Television Cabinet）

Breakfast Menu：早餐菜單

Nightlight：夜燈

Program Card：節目表

TV Remote Control：遙控器

床頭櫃

(三)化妝台（Dressing Table）

Mirror：鏡子

Table Lamp：檯燈

(四)床（Bed）

Bed Pad：床墊布、保潔墊

Bed Sheet：床單

Bed Skirting：床裙

Bed Spread (Cover)：床罩

Blanket：毛毯

Double Bed：雙人床

Down Comforter：羽毛被

Down Pillow：羽毛枕

電視櫃

Headboard：床頭板

King-size Bed：特大號床

Linen：布巾

Mattress：彈簧墊

Pillow Case：枕頭套

Queen-size Bed：大號床

Single Bed：單人床

Smoke Detector：煙霧偵測器

Vacuum Cleaner：吸塵器

(五)其他類（Others）

Air Conditioner Control：冷氣控制

Air Freshener：空氣清香器

Baggage (Luggage) Rack：行李架

Baggage (Luggage)：行李

Carpet (Rug)：地毯

Curtain：窗簾

Fire Safety Mask：防煙面罩

Fruit Basket：水果籃

Fruit Bowl：水果盅

Fruit Fork：水果叉

Fruit Knife：水果刀

Napkin：擦嘴用小口布

Light Control：電燈控制

Trash Can：垃圾桶

Tray：托盤

四、浴室（Bathroom）

Amenity：備品設施

Bath Mat：浴墊

Bath Salts Jar：浴鹽罐

Bath Towel：浴巾、大毛巾

Bidet：淨身器、下身盆

Bubble Bath：泡泡浴精

Cleaned & Disinfected：已
　清除乾淨及消毒過的封條
　（用於馬桶、茶杯）

浴室洗臉檯之各式備品

Comb：梳子

Conditioner：潤絲精

Cotton Swab：棉花棒

Counter：洗臉檯

Emery Board：指甲挫片

Flower Vase：花瓶

Hair Dryer：吹風機

Hand Towel：小方巾、小毛
　巾

淨身器、下身盆

Non-slip Bathtub Mat：止滑浴墊

Razor：刮鬍刀

Sanitary Bag：衛生袋

Scale：磅秤

Shampoo：洗髮精

Shaving Cream (Foam)：刮鬍膏

Shower Cap：浴帽

Shower Curtain：浴簾

Shower Head：沖浴蓮蓬頭

Sink：洗臉槽

Soap：肥皂

Sprinkler：蓮蓬灑水器

Tissue Paper Dispenser：面紙盒

Toothbrush：牙刷

Toothpaste：牙膏

Towel Rack：毛巾架

Wash Towel：毛巾、中毛巾

五、衣櫥（Closet [Wardrobe]）

Bathrobe：浴袍

Closet Rods：衣櫃掛桿

Closet Shelves：衣櫃內格

Clothes Brush：衣刷

Dry Cleaning List (Form)：
乾洗單

Female Hanger：女用衣架

Flash Light：手電筒

Hanger Stand：西裝的衣架

Hanger：衣架

Laundry Bag：洗衣袋

各式備品

Laundry List (Form)：洗衣單

Male Hanger：男用衣架

Safety Box：保險箱，飯店的保險箱有分為按鍵式和插卡式

Shoe Basket：鞋籃

Shoe Brush：鞋刷

Shoe Horn：鞋拔

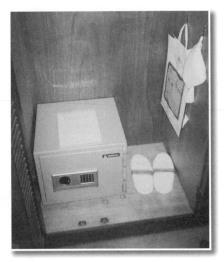

插卡式保險箱（左）與按鍵式保險箱（右）

Shoe Polish Sponge：擦鞋盒

Shoeshine Bag：擦鞋袋

Slipper：拖鞋

Stain Clothes Hanger：緞帶衣架（Silk Hanger、Lady's Hanger）

六、洗衣服務（Laundry Service）

4-Hour Service：快洗服務

Dry Cleaning：乾洗

Laundry：水洗

Pressing：燙衣

Regular Service：普通服務

(一)男士（Man）

Underwear：內衣的總稱（男女皆可用）

Coat (Jacket)：外套

Handkerchief：手帕

Jean：牛仔褲

Jogging Suit：運動套裝

Morning Gown：晨衣（男女皆可用）

Pajamas：睡衣

Shirt：襯衫

Shorts：短褲

Sport Shirt：運動服

Trouser：西褲

Underpants：內褲（男女皆可用）

Undershirt：男士用內衣

(二)女士（Woman）

Blouse：襯衫

Bras：胸罩

Dress (1-piece)：連身洋裝

Night Gown：睡衣

Scarf：圍巾

Skirt：裙子

Slips：襯裙

Suit (2-piece)：套裝

七、書桌（Writing Desk）

(一)書桌（Desk）

Ashtray：煙灰缸

Matches：火柴

Memo (Note) Pad：便條紙

Message Light：留言燈

Service Directory：服務指南

(二)書桌的抽屜（Drawer）

Brochure：小冊子

Cable Form：電報紙

Envelope：信封

Jogging Map：慢跑圖

Post Card：明信片

Sewing Kit：針線包

Shopping Bag：購物袋

Stationery Folder：文具夾

Tent Card：備忘錄

Writing Paper：信紙

八、迷你吧台（Mini Bar）

Apple Juice：蘋果汁

Can Opener：開罐器（Opener）

Coaster：杯墊

Coca Cola：可口可樂

Cocktail Stick：雞尾酒調酒棒

Diet Coke：健怡

Grape Juice：葡萄汁

Heineken Beer：海尼根啤酒

Hot Water Dispenser：保溫瓶

Ice Bucket：冰桶

Ice Tongs：冰桶夾

Kirin Beer：麒麟啤酒

Mineral Water：礦泉水

Mini Bar List：迷你酒吧單

Orange Juice：橘子汁

Refrigerator：電冰箱

Sprite：雪碧

Taiwan Beer：台灣啤酒

Tea Cup：中式茶杯

Wine Glass：酒杯

旅館
世界觀　　**監獄旅館(二)**

監獄旅館（Jailhouse Inn）

　　雖然也直接稱為Jailhouse Inn，不過位於美國明尼蘇達州（Minnesota）的這個監獄旅館，光是外表看來，就少了監獄蕭瑟的氣氛，反倒是多了幾分古典浪漫的情懷。

　　「監獄旅館」原是美國明尼蘇達州舊費爾摩郡的郡監（Fillmore County Jail），1869年完成，整個外觀呈現義大利式的建築風格，經過費心的保存，旅館內部許多地方——例如旅館入口處以胡桃木雕刻的欄杆，都仍保留當年原始的風貌，充滿了維多利亞時代的風華。不過從一些地方卻也可以看得出這棟建築物最原始的用意——比如一些七尺高的白色格門仍然保留著。現在的監獄旅館則已經被列為「國家古蹟」之一。

　　如果說牆壁會訴說過去的歲月，那麼在明尼蘇達的監獄旅館的牆上，你可能會聽到許多有趣的故事，這裡的牆上散落著犯人以湯匙鑿下的言語和畫作，處處訴說著他們對外面自由世界的嚮往。但是時光荏苒，有趣的是這個昔日苦悶的地方，今天卻成為許多新人舉行婚禮、許下終身諾言的場所，這裡安靜平和的氛圍相當受到旅客的喜愛。

　　費爾摩郡的監獄旅館現在所有的房間都已經改裝得相當溫馨，這裡提供的一間原始囚室，以及一間原本屬於警長的寢室，都裝有按摩浴缸，讓房客從事健行或騎自行車的活動後，能夠盡情放鬆自己的身心，這種「奢侈」的享受，想必是以前的囚犯從來不能想像的畫面吧！

資料來源：太陽王國網路事業股份有限公司。

 第二節　房務部專業英語會話

　　房客常因備品不足或要求其他服務等而向飯店提出要求，身為一位專業的旅館服務人員如何提供快速有效的服務，讓顧客滿意，除了服務的熱誠外，禮貌且流利的語文應對亦很重要。因此，以下將針對房務部顧客常提出的問題做介紹，茲說明如下：

G: Guest（客人）

R: Room maid（房務員）

會話1　G: Can you make up my room?

可否整理我的房間？

R: Certainly, sir. I will come over as soon as I finish this one, sir.

當然可以，我整理好這個房間就儘快過去。

G: How long will it take?

需要多久呢？

R: About 10 minutes.

差不多十分鐘。

會話2　G: Can you tell me how to operate light switch?

您可以告訴我如何操作這個開關？

R: Certainly, sir/ma'am. I'll show you. Just insert your key to the switch board.

當然可以，先生／女士。我示範給您看。只要把鑰匙插進開關板就可以了。

G: Thank you.

謝謝您。

R: My pleasure.

這是我的榮幸。

會話3 G: Can you tell me how to make a long distance call?

可否告訴我如何打長途電話？

R: Certainly, sir/ma'am. Here is the directory, you can dial 0 for assistance.

當然可以，先生／女士。這是電話指南，您可以撥「0」詢問。

會話4 G: The light bulb is burnt.

這個燈泡燒壞了。

R: I will replace a new one for you right away.

我馬上幫您換一個新的。

會話5 G: Do you have room service?

你們有沒有客房餐飲服務呢？

R: Yes, we do. You can use auto dialer for ordering food.

是的，我們有。您可以利用自動撥號來點餐。

會話6 G: Where is my luggage?

請問我的行李呢？

R: I will check with the bell desk for you, just a moment.

我向行李部查詢，請稍等。

R: It's on the way.

它們正送過來。

會話7 G: Why does the hair dryer stops after 10 minutes?

為什麼吹風機原本可以使用，但才吹十分鐘就不能動了？

R: This is for your safety. If the hair dryer is too hot, it stops automatically.

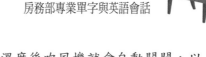
為了安全考量，當到達一定溫度後吹風機就會自動關閉，以免著火。

會話8 G: Is there no free water in room?

為什麼沒有免費水呢？

R: There is drinkable water in the bathroom.

我們浴室裡有飲用水。

會話9 G: Air conditioner is not cool enough.

冷氣不夠冷。

R: Sorry sir, could you check thermostat first? If it still don't work, we will contact with engineer department to send someone up to check it for you.

抱歉先生，麻煩您先檢查一下溫度調節器，如果還是不冷，我們將聯絡工程部門派人上去為您檢查。

會話10 G: Why should use a transformer or an adapter for electric?

為何要用變壓器或轉換插頭呢？

R: In Taiwan, the voltage is 110 volts.

在台灣所使用的電壓是110伏特。

會話11 R: May I clean your room now?

請問我現在可以打掃您的房間嗎？

G1: Of course, please come in.

可以，請進。

G2: Please come back about 20 minutes.

請過二十分鐘後再來。

R: Sorry to disturb you, I will come back later. Have a nice day.

很抱歉打擾了，我晚一點再回來。祝您有愉快的一天。

會話12 G: May I have some glasses?

我要玻璃杯。

R: Yes, how many would you like?

好的，請問需要幾個？

G: Two.

兩個。

R: Yes, we'll send them up right away.

好的，我們立刻送去。

會話13 G: Can I have my shoes polished?

我需要擦鞋服務？

R1: Yes, we'll collect them immediately. Is your room number 615, Mr. Brown?

好的，我們馬上來收。請問您是615號房的布朗先生嗎？

R2: Please put your shoes in the shoeshine basket and put them outside your door after 10 p.m. When they're ready, we'll deliver them to you.

請將鞋子放在鞋籃中，於晚上十點後放在門前。擦好後我們將會送回。

會話14 G: May I have a copy of the China Post?

我要一份《英文中國郵報》。

R: Please contact the concierge.

請與服務中心聯絡。

會話15 G: May I have a dehumidifier? My room is too humid.

我要一台除溼機，我的房間太潮溼了。

R1: Sure, May I have your room number? We'll send it up right away.

好的，我們會立刻送到您的房間給您，請問您的房間號碼是

幾號呢？

R2: I'm sorry. All the dehumidifiers are in use. I'll see what we can do for you.

很抱歉，所有的除溼機都在使用中，我會替您想想別的辦法。

會話16 G: May I have an extra bed?

我想要加一個床。

R: I see, please contact the front desk.

請與櫃檯聯絡。

會話17 G: May I have a heater?

我想要一台電熱器，可以嗎？

R: Sure, we'll send it up to your room immediately.

好的，我們會立刻送到您的房間給您。

會話18 G: I'd like to buy a stationery folder.

我想買個文具夾。

R: Please contact the front desk.

請與櫃檯聯絡。

會話19 G: I'd like a massage. Can you arrange for me?

我想找人按摩，你可以安排嗎？

R: Please contact the operator.

請與總機聯絡。

會話20 G: Do you have a schedule of TV programs?

你們有電視節目表嗎？

R: Yes, it's on top of the TV set.

有的，擺在電視的上方。

會話21 G: I left my key in the room. Would you open the door for me?

我把鑰匙放在房內,請幫我開門。

R1: Due to security reasons, I am sorry I cannot open the door for you. I will call Front Desk for you.

很抱歉,為了安全的考量,我無法為您開門,我來幫您與櫃檯聯絡。

R2: Yes, of course. (For guests you know.)

好的。(只准替你認識並知道他確實是此房間的客人,才可開門。)

會話22 G: I need a babysitter. Can you arrange one for me?

我需要一個保姆,你能安排嗎?

R: Yes, it will cost NT 1,000 for up to 3 hours, and NT 250 for each additional hour. What time will you need one and for how long? How old is your child?

好,費用是前三小時一千元,以後每小時再加二百五十元。請問您何時需要?需要多久?您的小孩多大?

會話23 G: I'd like to leave my luggage.

我想把行李留在這裡。

R: Please contact the Bell Service Center.

請與行李服務中心聯絡。

會話24 G: I've already checked out, but I left something in the room. Would you please check for me?

我已經結帳,但我忘了東西在房內,請你幫我查查。

R: Which room were you in and when did you check out?

請問您住幾號房?何時結帳?

G: Room 510. I checked out last Friday.

510房。我上週五離開的。

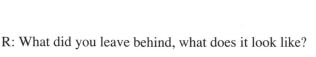
R: What did you leave behind, what does it look like?

　您忘了帶什麼？什麼樣的東西？

G: I left a black purse.

　我忘了帶一個黑色女用手提包。

R: I'll check for you. Where can you be reached?

　我會替您查查看，請問如何與您聯絡？

G: Please call me. My telephone number is 02-8118888.

　請打電話給我，我的電話是02-8118888。

R: We'll take care of it right away.

　我們馬上去處理。

會話25 R: May I turn down your bed now?

　我現在能為您開夜床嗎？

G: Please call back later, after 8:00.

　請等八點後再來。

R: Sorry to disturb you, I will come back later.

　很抱歉打擾了，我晚一點再回來。

會話26 G: Can I have a laundry bag?

　請給我一個洗衣袋，好嗎？

R: Yes, sir.

　好的，先生。

G: When can I get them back?

　我什麼時候可以拿回來呢？

R: Tonight at 7:00 p.m. by regular service.

　一般服務是今晚七點。

G: Can I have it back within 3 hours?

　我可以在三小時內拿回來嗎？

R: Express service is available. It's 50% more than the regular service.

我們有快速洗衣服務，這項服務比正常送洗服務貴50%。

會話27 G: I'd like to have my clothes washed.

我的衣服要送洗。

R: Please fill out the laundry form and put it in your laundry bag. We'll collect it.

請填好洗衣單，然後放在洗衣袋內，我們會來收取。

會話28 G: My clothes have faded (were torn/shrunk) in the wash.

我的衣服被洗得褪色（破掉、縮水）了。

R: I am sorry. We'll look into it right away. When did you send them to be washed?

很抱歉，我們立即去查，請問何時送洗的？

G: Early this morning.

今天早上。

R: We have checked with the laundry department, I'm sorry, there's very little we can do.

我們已查過洗衣部，很抱歉。

G: I'd like compensation, then.

那麼，我要求賠償。

R: Yes, sir. We will deduct it from your bill.

是的先生，我們將從您的總帳單中扣除。

會話29 G: My TV has sound but no picture.

我的電視有聲音但無影像。

R: Please check the program schedule. If you still have problems with your set, please call us again.

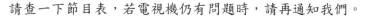
請查一下節目表,若電視機仍有問題時,請再通知我們。

會話30 G: The air in the room is stale, can you do something about it?

房間內空氣非常混濁,請想辦法解決,好嗎?

R1: We'll send someone to check it for you.

我們會派人來檢查。

R2: Do you mind if we spray air freshener?

您介意我們噴空氣清香劑嗎?

R3: Would you mind leaving the room for a few minutes? One of our room maids will clear it up for you.

您介意暫時離開房間嗎?我們的服務員會清理。

R4: If you wish to change rooms, please contact the Front Desk.

如果您要換房間,請與櫃檯聯絡。

會話31 G: Why has no one come to fix the shower head?

為什麼沒人來修理沖浴蓮蓬頭?

R: We'll call the engineer again. I'm sorry for any inconvenience.

我會再打電話給工程人員,很抱歉讓您感到不方便。

會話32 G: Your service is worse.

你們服務很差。

R: I'm sorry. Please let us know what displease you. We'll do our best to improve it.

很抱歉,請告訴我們您那裡不滿意,我們會盡力改進。

房務小百科　　馬桶

　　馬桶分類方式很多，事實上，如依作用原理，可更簡單地分為虹吸式及非虹吸式兩類。而飯店則採用非虹吸式中的噴射式及漩渦虹吸式，因它是利用沖水力量，直接將水封中的污物用重力方式推出，係指經水路設計改變，使產生虹吸作用的速度或強度更快及更明顯。根據王先登（2000）在第十八期《節約用水季刊》發表的〈馬桶省水面面觀〉及拜訪和成欣業股份有限公司有關浴室馬桶之專業知識整理如下：

馬桶名詞解釋	
唇面	馬桶座下方一環狀瀉水圈，其外型多與馬桶座類似，一般可分為封閉式與開放式兩種，封閉式唇面下緣有均勻之小孔，開放式唇面下緣則為開口式，為水箱中之水宣泄並洗淨池面之管道。
水封	馬桶池面中之存水，可防止排污管中之臭氣外溢或小昆蟲爬出。
水封面	馬桶池面中之存水面，水面愈寬池面愈不易沾上污物。
水路	馬桶池面後端排污之管道。

類別	一般飯店	高級大飯店	
	噴射虹吸式 Siphon Jet Water Closet	漩渦虹吸式 Siphon Vortex	免治馬桶
原理	大多使用此式馬桶，利用噴射水流，迅速產生虹吸作用，將污物吸出。	此式馬桶利用水流形成漩渦並產生強勁虹吸力，將污物吸出。	運用水龍頭噴出的水來替代衛生紙作為便後清理之用，結合了下身盆和馬桶所創造出來的。右手邊的控制面版，具有觸控按鈕及燈光顯示，能經由控制噴出溫水，以前沖、後洗、烘乾來達到清潔的效果，且易於操作。

類別	一般飯店	高級大飯店	
	噴射虹吸式 Siphon Jet Water Closet	漩渦虹吸式 Siphon Vortex	免治馬桶
特徵	1.管路內徑53mm以上 2.水封50mm以上（新） 　75mm以上（舊） 3.彎道數量一般至少三個	1.管路內徑53mm以上 2.水封50mm以上（新） 　75mm以上（舊） 3.彎道數量一般至少三個	1.牆壁至排水管中心 　300mm 2.適用水壓範圍 　0.5-7.5kgf/cm^2
優點	1.水面下沖水，噪音較小 2.存水面積大，污物不易 　附著 3.水封，防臭效果佳	1.因不混入空氣，噪音較 　低 2.水封要求高，防臭效果 　佳 3.有水面積廣，不易附著 　污物	1.八孔噴嘴抗菌 2.後洗淨脈衝式水柱 3.特殊抗菌樹脂耐洗材質 4.入座啟動開關 5.緩降閉蓋安靜避損 6.四段暖座控溫體貼
缺點	1.用水量較多 2.構造較複雜，彎道數量 　多	1.用水量較多 2.構造最複雜，易阻塞 3.價格較高	無
飯店	無	1.台北凱悅大飯店 2.台北華國大飯店	1.台北國賓大飯店 2.台北華泰王子飯店（只 　有兩台）

資料來源：作者整理。

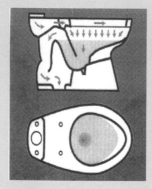
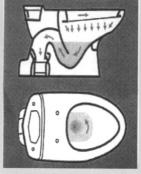

噴射虹吸式馬桶（左）與漩渦虹吸式馬桶（右）
構面圖

高級大飯店多採用漩渦
虹吸式馬桶

第三節　個案探討與問題分析

一、房務個案

(一)語言溝通

　　Sameness：1212號房房客，二十三歲，英籍律師的女兒
　　Sandy：身材嬌小的房務員，五十五歲
　　Sweet：總機人員，二十六歲

　　從機場接回六位從英國來到台灣的律師們，辦完了遷入手續後，Sameness匆匆地進了房，拖著一身的疲憊沐浴後，趕緊鑽入被窩裡補眠了，或許還有時差的關係吧！

　　（大約下午五、六點）

　　嬌小的身軀穿梭在十二樓客房之間，今日由一頭蓬鬆微短捲髮的Sandy及其他幾位房務員負責晚班的工作──開夜床，攝影機照向長廊的另一端，走廊上一位金髮碧眼、身材姣好的女子Sameness，輕緩地帶上自己的房門，準備出門用餐。

　　Sameness關好門後發現房務員正在樓層裡工作著，因此，「Hello, waitress……」她及時叫住正在拿鑰匙開房門的房務員Sandy，並慢慢地以英文請Sandy加兩個羽毛枕：「I would like to plus 2 of down pillows, please……」一堆話下來，這位金髮美女以為這位Sandy的英文能力很好呢！但事情終究沒有「阿多仔」想得那麼簡單，她雖然稍有懷疑，卻仍相信飯店房務員Sandy的英文。

　　可惜啊！Sandy眨著大大的「目睭」（台語）說道：「蝦米?!對不起嘿！偶聽沒懂，我撒某！（台語）嘿夫兒奈斯爹，死油。（國語）」這

位Sandy是所有房務員裡最逗趣的一位，英文一句也聽不懂，而她唯一會的英文卻是——Have a nice day, see you! 因為這句是當晚班時，領班所教的晚安語，雖然她總是用自己的方式說這句「嘿夫兒奈斯爹，死油」，在擔任晚班時，這也快成為Sandy的口頭禪了。

　　向來是房務部最佳活寶的她，遇上外國客自然地也有她自行「研發」的一套理論了，但可別以為說以上那段話的Sandy會是用著非常難過、羞愧的表情哦！反而她正視客人的眼睛，微笑地用更標準的台灣話回答這些「阿多仔」，通常這些外國客人也就半信半疑，開心地離開了，而Sandy回到辦公室後，每每詢問瞭解英文的同事才脫了窘境，就幸運地送上客人所要求的備品，由於這次房間數較多，她也就忘了這位「阿多仔」的交代……

　　「鈴鈴……」一陣電話鈴聲在安靜的總機室裡格外清晰。

　　一位從1212號房的英籍女客來電表示，今天五至六點已經和房務員要求多加兩個羽毛枕，現在已經十點多了，一直遲遲地沒收到，希望能盡快送達，之外她想請教如何在房間內上網的問題。

　　總機時常是必須為飯店所有部門的錯誤，接受砲轟的前線烈士之一，因此接聽到電話的Sweet再次向客人道歉，並且回答12號房上網的問題。

(二)沒錢付巨款的客人

　　Sylvia：冷靜心的國中同學，目前任職祈情飯店房務部主管

　　祈情飯店裡前一陣子來了幾位美國的高級主管，美國總公司有感於他們的努力，因此特別招待他們來到台灣旅遊，並且有部分的費用是由公司負擔，一行人總共十一、二個人，累積了不少消費額，他們一直揮霍地消費著，最近累積的金額都有六十多萬台幣了，帳單數目驚人！後來總經理與客務部、房務部的經理針對這帳單的問題進行商討，討論結果

為了防止逃帳，總經理認為應當請客人先結清前些日子的消費金額。但在告知這幾位主管須結清部分帳款時，他們這幾位客人一直表示身邊已經沒有半毛錢了，於是房務部經理便請櫃檯關閉他們客房的電話，並且將他們關在房內，後來這幾位主管要求美國在台協會協助，但是美國在台協會出面也依舊沒有解決這件事情，最後這群客人就偷偷地離開了。那時房務部經理也發狠了，生氣地請警察單位將他們的東西全部打包後當作證物。結果四、五天之後這幾個美國主管便傳真給飯店，承諾將錢送回飯店……

二、問題與討論

1. 請問一位房務員應具備的條件為何？
2. 請問飯店如何加強房務員的語文能力呢？
3. 假使您的外語溝通能力不強，在房務部來說，您必須知道哪些英文的專業術語？
4. 假使貴飯店發現有房客已經在飯店裡消費超過二十萬，而他們並不是常客或曾經住宿過的客人，此情況下，請問您如果是總經理，應當注意哪些事情？
5. 請問您贊成房務個案(二)中飯店房務經理的處理方式嗎？
6. 承上，請問假使您是飯店的房務經理，您的處理方式為何？
7. 請試述如何處理逃帳的客人？

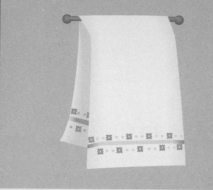

Chapter 5

客房清潔作業

本章重點

客房清潔的前置作業
　　房務員自己的準備工作
　　規劃客房的清理順序
　　鑰匙的管理與控制
　　備品車的準備

客房清潔作業流程
　　客房清潔的流程
　　客人遺留物的處理

臥室清潔作業
　　收拾床鋪
　　整理床鋪
　　擦拭客房傢具
　　垃圾與布巾的收集流程

浴室清潔作業
　　浴室清潔的作業流程
　　浴室備品的補充

個案探討與問題分析

沒有熱情，任何一件大事業都不會成功。　　　　　——愛默森

　　客房是飯店最直接銷售的商品，提供住宿之服務為主要訴求，而當客人進入客房後，首先映入眼簾的是一張寬大舒適整潔的床，接著就是清潔工作的落實與否。每家飯店的客房清潔皆有所差異，但提供舒適、清潔與高雅的住房是每家旅館所努力達到之目標，它關係著顧客對飯店服務品質及管理水準的評價好壞。客房清潔為房務員每日的主要工作內容，而如何使清潔工作達到高效率且高品質之服務，首先清潔工作之前置作業不可忽視，接著按照客房清潔流程步驟確實執行，以達到飯店的標準，如此才能提供旅客高品質之服務。為達成上述之目的，本章分五部分說明，首先介紹客房清潔之前置作業；其次為客房作業流程；進而說明臥室清潔作業；再介紹浴室清潔作業；最後則為個案探討與問題分析。

 ## 第一節　客房清潔的前置作業

　　房務員每天要整理很多房間，因此工作要快且有效率。此外，還要專業知識才能徹底安全的完成工作，保持一定水準的表現。而如何使房務員之工作順暢、有效率，客房清潔前的準備工作是很重要的關鍵因素，因它可節省徒勞無益之往返時間。以下將介紹客房清潔前置作業的準備工作，首先房務員要準備好自己；其次是規劃客房的清理順序；進而對鑰匙管理與控制；最後介紹備品車的準備。

一、房務員自己的準備工作

　　客房清潔之前置作業首先要考慮房務員自己的準備工作，如儀容要乾淨整齊，若為長髮則要綁起來。此外，貴重物品最好放在家裡，勿放在置物櫃，避免被偷或遺失等。接著房務員要穿制服及合適的鞋子，為安全起見，鞋子要防滑，腳趾不要露出，且穿起來舒服以方便工作。

二、規劃客房的清理順序

　　工作分配單用來安排清理順序，決定哪些客房要先清掃，一般以遷出（Check Out）房間先做，除非續住客人有特別要求，其次再打掃續住客人。

三、鑰匙的管理與控制

　　為保障客人、自己和飯店的安全，依據安全規定來保管鑰匙是很重要的。若不慎遺失，會造成飯店損失，亦會損及住客權益，而引起顧客的抱怨，為了維護客人的住宿安全，故不可不慎。以下將說明房務員使用鑰匙應注意事項、鑰匙的類型以及鑰匙的控制管理等。

(一)鑰匙使用應注意事項

　　客房之門鎖是用來保障住客的財產、隱私和飯店的財物。房務員在領取及歸還鑰匙時要登記簽名，此外勿替您的同事代為領取鑰匙。當您接取了一串樓層鑰匙時，必須注意整理哪個區段的房間就領用哪個區段的鑰匙，且須時時刻刻牢記此鑰匙千萬不能遺失，也不可以隨便借與他人（包含維修人員等等）或開啟給陌生人進入。鑰匙必須連鍊鈕扣在

職員之工作褲上，除交還給房務辦公室外，不可隨便解開鍊釦，但如果職員需要離開酒店之範圍，必須馬上將鑰匙交還給房務部辦公室。其他部門員工如需進入客房工作（例如，行李員收送行李、洗衣房人員交收洗衣、客房餐飲服務人員收集餐車或餐具、工程人員進行房間維修工程等），房務員均須開啟房門。若該房間有客人居住時，房務員必須留在房內，待工程人員作完任務後才可離開；若發現有任何鑰匙留在門外之鑰匙孔，房務員必須要敲房門，如有客人則告知該客人是否要將鑰匙留在房內，如沒有人則必須將鑰匙交給房務領班處理，並將發現鑰匙之時間登記在房間整理表上。若住客已遷出，而該房的鑰匙仍留在房內，房務員不可將鑰匙放在褲袋內，以防忘記交還或遺失，更不可將鑰匙放在房務車上，以防中途被人拿走，只可將鑰匙放在行李車台上，待領班查房間時才交還給前檯。因為房務上所有的鑰匙關係著飯店財產、名聲及房間財物的安全問題，所以工作人員必須特別注意及保管鑰匙。若房務樓層鑰匙遺失，該樓層之房門鎖就必須全部更換，其所花費的成本很高。此外，遺失鑰匙的員工還須接受安全部的調查。因此房務人員對於鑰匙之管理要特別小心。

(二)鑰匙的類型

由於時代進步及電子技術之普及化，因此有些飯店內之鑰匙亦不同於傳統鑰匙，以下將說明鑰匙的種類與應注意事項：

1.傳統機械鎖（Key）：較常為傳統飯店使用。例如，台北圓山飯店、高雄華王飯店。使用鑰匙的注意事項如下述：

(1)房務員領用之房間鑰匙（Room Key）一定要隨身攜帶使用，不可隨手放置，更不可交予其他人員使用。

(2)開門工作中，若客人進入房間，應請其出示客人的房間鑰匙

（Guest Room Key）或其他證明。

(3)房間鑰匙通常八至九支串成一串，若不慎遺失，要將全樓層之
鑰匙與其他樓層對調，工程極為麻煩，故不可不慎。

(4)客人的房間鑰匙遺失，若確定客人未交回，則需在同一層樓找
一間對調門鎖。

(5)不論組長、主任或副理均須妥為保管使用，交接清楚並簽字確
認。

(6)通用鑰匙（Master Key）平日房間使用次數極多，要妥善使用，
避免折斷。

(7)通用鑰匙之管制甚為嚴格，為防止被複製，配戴之人員若需外
出時，要將通用鑰匙交主管代為保管。

(8)通用鑰匙若折斷，要附上斷的鑰匙，向經理申請配製。

(9)通用鑰匙關係樓層之安全，所有領取、使用、繳交、保管各細
節均不得疏忽。若有異常立即查明，避免意外之發生。

2.電腦卡片鎖（Key Card）：現今飯店多用
此種電腦卡片鎖，又稱鑰匙卡。利用電腦
將卡片做設定，等客人辦理登記手續時，

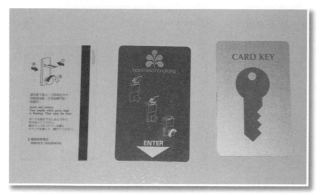

電腦卡片鎖（香港日航酒店提供）

電腦卡片鎖門把（圖為台北亞
太會館）

櫃檯人員用專用之卡片製作而成的客房鑰匙，此鑰匙卡片可送給客人當作紀念品，亦可回收重新設定重複使用。例如，台北華國飯店、台北亞太會館等飯店。使用時的注意事項茲說明如下：

(1)若出現綠燈，表示可打開此房門：使用正確的鑰匙卡時，綠燈會閃爍大約六秒，這表示門把可被轉動開門，如果超過時間沒有轉動門把，門鎖會自動鎖上，此時若要再次開門，必須再移動鑰匙卡。

(2)若出現紅燈，表示不能打開此房門：若出現紅燈並且連閃兩下或和其他的燈交替閃爍時，表示此房門的電池電力太弱；若和其他的燈同時閃爍時，則代表鎖必須再重新設定。

(3)若出現黃燈，表示不能打開此房門：若閃兩次，代表使用不對或太舊的鑰匙卡；閃十二次，則代表房門被客人反鎖。

(4)若都沒出現燈時，表示不能打開此房門：可能是鎖的電池已經沒有電力了。

3.傳統機械電腦鎖（Marlok）：現今飯店也有另一種為傳統機械鎖，但其為電腦所操控，也就是綜合前兩項之鑰匙。等客人辦理退房手

傳統機械電腦鎖（台北君悅大飯店提供）

傳統機械電腦鎖門把（圖為台北君悅大飯店）

續時，此鑰匙須交還櫃檯，再重新設定重複使用。例如，台北君悅
飯店、桃園寰鼎大溪別館。其使用時的注意事項與電腦卡片鎖類
似。

4.打洞卡片鎖（Ving Card）：利用電腦將卡片做設定，等客人辦理
登記手續時，櫃檯人員用專用之卡片製作而成的客房鑰匙，此鑰匙
卡片可送給客人當作紀念品，亦可回收重新設定重複使用。例如，
台北國賓飯店、泰國Royal Orchid Sheraton飯店。使用時的注意事
項與電腦卡片鎖類似。

(三)鑰匙的控制管理

鑰匙的等級共分為五種，依重要性的不同其使用對象、保管地點以
及用途也有所不同（如**表5-1**）。

表5-1　鑰匙的控制管理表

等級	使用對象	保管與領取	用途
(一)Room Key 房間鑰匙	房務員 客人	房務辦公室	客人所使用的鑰匙只限開客人自己的房間，開其他房間無效
(二)Floor Master Key （FMC） 樓層通用鑰匙	領班 主任	房務辦公室	只限於該樓層通用，其他樓層無效
(三)Master Key/Pass Key 通用鑰匙	主任 副理	房務辦公室	可打開全館每一間客房的鑰匙
(四)Guest Room Master Key 客人房間之通用鑰匙	副理 執行經理	客務櫃檯	可打開全館每一間客房的鑰匙
(五)General Master Key （GMC） 總經理專用的通用鑰匙	總經理或各高階層主管	由總經理自行保管或放於房務辦公室	又稱緊急用鑰匙（Emergency Master Key, EMK），若臨時有緊急狀況（例如火災）時，各高層主管可向房務部借取，可打開全館每一間的客房，亦可打開反鎖（Double Lock）

資料來源：作者整理。

四、備品車的準備

　　有適當的工具才有好的工作表現，因此備品車（又稱工作車）對房務員而言是非常重要的，因為房務員必須每天與它為伍，且將要清掃客房的工具如被單、清潔劑、吸塵器等放置於備品車上，以方便清潔工作。備品車之準備通常於工作結束後，次日再檢查一次，將需要的東西妥善放置在車上。茲將備品車的標準作業程序，說明如下：

1.清潔工作車的準備：為準備清潔工作，以確保布巾或用品的清潔。

　(1)將一部空工作車放在樓層工作室。

　(2)以濕毛巾將全車內外擦乾淨。

　(3)留意車輪有否損壞。

　(4)車內外尚未乾時，切勿將布巾及用品擺在車上。

2.將垃圾袋和布巾袋掛在車鉤上：確保垃圾及布巾袋有足夠的支撐力

房務工作車（一）（圖為台北華國大飯店）

房務工作車（二）（圖為知本老爺大酒店）

去承受垃圾及布巾的重量。

(1)將各袋口上之孔掛在車旁之吊鉤上。

(2)確定各鉤釦均適當地鉤著各袋口孔。

3.將布巾放在工作車之架內：重物在下，輕物在上。

(1)將床單及浴巾、毛巾、踏布等較大、較重的布巾類放在下格。

(2)將枕套及較輕或較小的布巾類（例如，小方巾等）置於上格。

4.將房間用品放於架頂上：可一目瞭然及易於拿取。

(1)將大件物品放在後部，小的物品放在前部。

(2)較貴重的物品勿暴露在顯眼之處，恐他人易取。

5.將清潔用品放於清潔用的工具箱中：清潔房間內所有的用途。

(1)將廁所擦刷、清潔劑、百潔布、手套、傢具蠟、空氣清新劑、
潔廁劑及除塵布放置在清潔工具箱中。

(2)勿置過多或不足之清潔用品於工具箱內。

(3)保持清潔、乾燥。

(4)工作完後必須將工具箱清洗乾淨，洗潔劑若不夠時必須補充完
整，以利隔日之作業。

 第二節　客房清潔作業流程

　　客房清潔工作是很繁瑣的，因此要做好清潔服務工作，除了必須具
有耐心和體力外，更需要具備細密周詳的工作計畫流程，以幫助房務員
能達到事半功倍的效果，並且有效率的完成清潔工作。房務員除了作好
清潔工作外，對於客人留下的遺失物更須慎重處理，以方便客人回飯店
找尋或於第一時間內送還客人。針對上述之情形，本節將介紹客房清潔
流程與客人遺留物的處理。

一、客房清潔的流程

整理客房，必須遵守先後次序之工作原則，才能迅速地完成整理，以達成飯店的要求標準，以下介紹客房清潔流程，茲說明如下：

1.進入房間前：

 (1)觀察門外情況，看看有沒有開啟請勿打擾燈或掛上請勿打擾牌或房內雙重鎖標示。

 (2)以手指在門的表層輕敲三下，勿用過重手力敲門。

 (3)站立在門前之適當位置，約等候五秒時間，並眼望防盜眼。

 (4)若客人沒有回應，就再次地敲門，以手指在門上再輕敲三下，勿拍門太久。

 (5)再次站立在門前的適當位置等候，並從防盜眼中觀察是否有人影活動。

請勿打擾此燈若為請勿打擾時，會顯示紅燈，若要整理房間時，則為綠燈（圖為台北君悅大飯店）

請勿打擾牌（圓山大飯店提供）

(6)開門時將鑰匙插入門鎖，輕輕轉動，並以另一手按著門鎖手柄。

(7)說出自己是誰。例如，「早安，林先生，我是房務員，請問我可以進來打掃房間嗎？」

(8)取出鑰匙，將門開啟，進入房間。

2.觀察房內的迷你吧：準確地報告房內用品之消耗量。

(1)將固定之額數比較便知。

(2)將顧客飲用過的各類飲品填寫於帳單上。

(3)查看空罐和提防是否有偷龍轉鳳的手法。

3.觀察房內情況：

(1)若這間房的住客剛遷出，須觀察留意是否有住客遺留下的任何物品。若有則可以在第一時間將失物交還住客。

(2)提防住客攜帶、損壞飯店內物品。

(3)特別留意垃圾桶、衣櫃、窗簾背後或床底、地毯、電視機、水壺、毛巾、毛毯及浴袍等。

4.拉開窗簾：

(1)輕輕拉動窗簾繩將窗簾拉開，讓陽光照入。

(2)勿猛烈地拉動窗簾繩或直接拉動窗簾布。

5.熄滅多餘的燈光：

(1)節省能源。

(2)以手指輕按燈具開關並留意是否有燈泡壞掉。

6.搬走房內房客用畢的食具或餐車：

(1)避免翻倒餐具和弄髒地毯。

(2)清走用過的餐具，以利清潔客房順暢。

(3)將所有食具放回餐盤或餐車上。

(4)將食具或餐車放在員工升降機等候處的架上。

旅館世界觀 法院旅館

亨利斯法院旅館（Henllys Courthouse）

擁有美麗河岸風景的「亨利斯法院」旅館，位於英國北威爾斯，昔日曾經是放牧羊群的中心地帶，在一八六〇年代也是一個採礦的社區。亨利斯法院融合法庭、警察局和監獄，在十九世紀民智未開的年代裡，這裡可是讓那些喜歡偷雞摸狗或是作姦犯科的人膽戰心驚的地方，因為只要一旦被抓，就會在亨利斯法院大樓進行審判，罪證確鑿後，就有可能在這棟建築物的某個小角落吃起免費的牢飯了。

以石材建造堅固外貌的「亨利斯法院」旅館，自從改為旅館的用途之後，整棟房舍的內部裝潢都布置得相當溫馨，呈現歐洲鄉村的清新風格，以往法官和警察的寢室現在都已經成為客房的一部分，至於空間最小的客房，則是改自以往單人的囚房。共擁有十一個房間的「亨利斯法院」旅館，每個房間都依照它原來的用途命名，例如「犯人審問室」、「指紋室」、「陪審團室」、「手銬室」、「贓物室」，唯一的囚房就叫做「重罪室」。

有意思的是，許多旅客可能受到好奇心的驅使，因此雖然大小不同的房間在價格上沒有差別，但是房間最為狹窄的單人囚房卻受到最多旅客的喜愛，那些當年在狹小囚房度過難熬歲月的，一定很難想像會有這種結果出現。

住在這裡的旅客，可以在旅館的大廳欣賞河流蜿蜒的美景，偶爾還可以驚喜的發現許多野生動物在河岸邊活動。因為鄰近商店街，離許多風景點也不遠，對於想要出外散心的人，也相當方便。此外，這裡也提供家庭式的晚餐，食材多以當地新鮮產品為主。

資料來源：太陽王國網路事業股份有限公司。

(5)勿將房間物品放在餐盤或餐車上，尤其是煙灰缸或花瓶。

7.將杯子與煙灰缸收集至浴室，準備清洗：

　(1)將住客用畢之玻璃杯和煙灰缸放在洗手盆內備洗。

　(2)留意杯子與煙灰缸是否有龜裂。

8.收集垃圾：

　(1)用垃圾桶收集房內所有的垃圾，這樣較為方便且較清潔及衛
　　 生。

　(2)將垃圾倒入垃圾袋裡並將垃圾桶內外弄乾淨。

　(3)小心玻璃及刀片。

　(4)留意垃圾桶內是否有客人誤放於垃圾桶之物品。

9.整理床鋪：請參考第三節臥室清潔作業。

10.整理浴室：請參考第四節浴室清潔作業。

11.抹塵及打蠟：

　(1)用一乾一濕的抹布，抹去所有傢具的灰塵（除電器外），再用
　　 傢具蠟水噴在一條清潔的抹布上，然後將所有傢具打蠟抹光。

　(2)順時針方向環房間一周，由高至低、由內至外的抹塵及打蠟，
　　 以保持房間清潔。

　(3)當抹到哪處，均須記著那裡有否欠缺房間用品，以防止房間缺
　　 少備品。

12.補充房間用品：

　(1)提供一致、整齊的第一印象。

　(2)禁止破損或有污點。

　(3)數量完整。

　(4)英文在前面，勿上下顛倒。

13.關閉紗窗簾（薄簾）：

　(1)輕輕拉動紗繩，將紗窗簾關閉以防止強烈陽光直接照入房內。

(2)留意簾鉤是否有鬆脫，紗窗簾必須要關閉妥當，不留空隙。

14.吸地：以保持客房之完整性。

(1)由內向外並保持同一方向吸塵。

(2)留意角落及暗處（例如，床、沙發、書桌等）的垃圾。

(3)吸塵前將沙發墊下之細碎垃圾清出，以方便吸塵。

15.退出客房：

(1)將所有不屬於客房中的物品撤出，並同時再檢查一次。

(2)確認房門關上後是否已上鎖。

二、客人遺留物的處理

所謂的遺留物（Lost & Found），必須把握一個原則，就是只要不是在垃圾桶內的東西，包括任何食品、物品等等，一律以遺留物來處理。但像是丟棄在垃圾桶之物品，若感覺尚有價值，最好還是依遺留物處理，不要任意丟棄，有時一些物品無法判斷是客人的遺留物或是丟棄物，所以切記請勿自行判斷客人可能不要而予以拋棄或據為己有，以下介紹遺留物處理之標準作業程序，茲說明如下：

(一)從房間和浴室得知是否有遺留物品

客人退房後，可從房間和浴室等兩方面來得知客人是否有遺留物品在房間內。

1.房間部分：

(1)衣櫥：因為有時客人會將衣物掛在衣架或放在衣櫥的抽屜而忘記收拾。

(2)保險箱：若為上鎖之狀態，則需立即通知主管開鎖，以確定沒有貴重物品遺留。

(3)抽屜：凡是房間內所有的抽屜，在檢查C/O房時均予打開以確定
沒有遺留物。

(4)床鋪：有時會有房客脫下之衣物夾在床單內，尤其是白色的衣
物，其顏色同為白色，所以要特別注意。

(5)各角落：在牆角、窗簾後方、傢具下方，都可能會有客人的遺
失物，所以擦拭時要大致查看。

2.浴室部分：在浴室較常發現的是客人的盥洗用品，電刮鬍刀等是較
貴重之遺留物，但客人用剩餘而忘了帶走的洗髮精、沐浴精等物
品，也不可任意丟棄，客人穿過的內衣褲也應繳交，有時客人會再
來電找尋。

(二)通知房務部，並聯絡櫃檯查看

若發現遺留物，首先致電房務辦公室報備記錄，尤其是貴重之物品
（例如，護照等），需立即通報房務辦公室，以便客人查詢，並通知服
務中心，查看客人是否在飯店內。

1.若客人尚未離開飯店，則立即將遺留物交還給客人。

2.若客人已離開飯店，而此東西若是貴重物品時，則需聯絡客人、本
地訂房公司或旅行社。

(三)登記於房間整理表上

1.在房間整理表（Room Attendant Worksheet）（如**表5-2**）上註明有
遺留物，以避免忘記房號，然後在當天下班時交至房務部辦公室，
做為遺留物處理。

2.必須在樓層之交班簿中詳細記錄，以備客人查詢。

表5-2　房間整理表

ROOM ATTENDANT WORKSHEET
HOUSEKEEPING

FLOOR _____　NAME _____　DATE _____

RM NO 房號	STATUS 狀況	TIME 時間	KING SHEET 特大床單	DOUBLE SHEET 雙人床單	PILLOW CASE 枕套	BATH TOWEL 浴巾	HAND TOWEL 手巾	WASH CLOTH 方巾	BATH ROBE 浴袍	BATH MAT 腳墊

ROLLAWAY/COT _____　EX . PILLOW _____

BED BOARD _____　TRANSFORMER/ADAPTOR _____

OTHERS _____

資料來源：作者自製。

(四)填寫客人遺留物品登記表

必須在客人遺留物品登記表（Lost & Found List）（如**表5-3**）上填寫：退房日期、客人房號、客人姓名、地點、物品名稱、物品特徵及拾獲人姓名，並與拾獲品一同交至房務部辦公室。

(五)輸入電腦

1.房務辦事員將客人遺留物品登記表之內容資料輸入電腦，並將此項電腦代號記入客人遺留物品登記簿中，以便日後查詢及管理。

2.遺留物之電腦作業，只有房務部才可作輸入及更新，其他部門（例如，櫃檯、服務中心等）只有查詢之功能。

(六)分類收存保管

1.遺留物之保管要分類收存，以方便客人要領取時能迅速地找出歸還。

2.若為易腐食物，而客人未領回，部門主管將於三天後發給原拾獲者。

3.若為普通物品，而客人未領回，部門主管將於三個月後發給原拾獲者。

4.若為貴重物品，則必須視重要性來增加保管時間，一般至少保管六個月，如客人未領回，則部門主管將發給原拾獲人領回。

(七)客人前來領取方面

1.若客人前來領取時，應請客人持身分證或護照領取，並在記錄簿中簽名，而房務辦事員將電腦中的客人遺失物資料刪除掉。

2.若失主託人來領取，必須要有委託書，並在記錄簿中簽名，房務辦事員則將電腦中的客人遺失物資料刪除掉。

表5-3　客人遺留物品登記表

敏蒂天堂飯店
Mindy Paradise Hotel

客人遺留物品登記表
Lost & Found List

日期 Date	年　　月　　日	時間 Time	☐A.M.　☐P.M.	
地點 Place				
顧客姓名 Guest Name				
物品名稱 Description of Articles				數量 Quantity
拾獲者 By whom				
領班 Floor Supervisor				
主任 House Keeper				

一式二份：
第一聯：房務辦公室留存
第二聯：黏貼於遺留物品上

資料來源：作者自製。

3.若客人已離開飯店而無法聯絡上,則在顧客歷史資料的Comments
　欄中註明Found,以利下次顧客光臨時交還。

(八)注意事項

1.遺留物若未按規定送交至房務部,或以忘記為藉口,均可視為偷竊
　而予以記錄考核。
2.顧客查詢遺留物而在記錄上若未發現,仍應將調查經過記錄,以便
　日後依個案對相關人員做統計分析考核。

客人遺留物處理流程整理如圖5-1。

第三節　臥室清潔作業

　　臥室是客人在飯店中休息、睡覺的地方,因此,臥室清潔乾淨與否
攸關著客人對飯店的重要印象。因此,房務員如何在一定的時間內將髒
亂的臥室變成乾淨的地方,必須仰賴平日飯店對房務員之訓練,如鋪床
技巧與有條理地對傢具之擦拭。本節將說明如何收拾床鋪、整理床鋪以
及擦拭客房傢具,最初或許會覺得很困難,但在瞭解其方法與步驟後,
只要努力、踏實、細心地去工作,逐漸地就能得心應手了。

一、收拾床鋪

　　在收拾床鋪時,以基本的衛生觀念而言,勿將枕頭、羽毛被等放於
地上,其標準作業程序,茲說明如下:

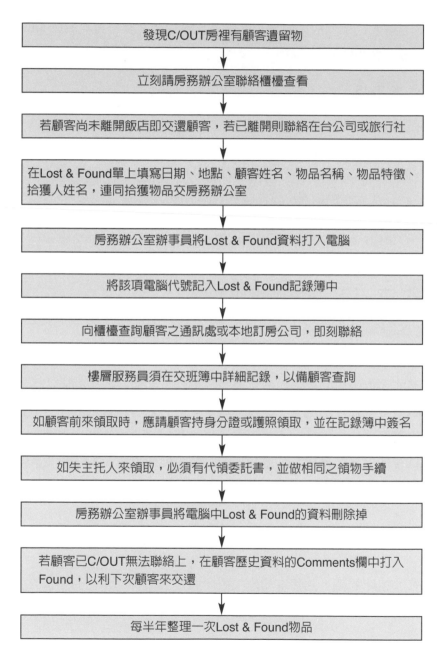

發現C/OUT房裡有顧客遺留物

立刻請房務辦公室聯絡櫃檯查看

若顧客尚未離開飯店即交還顧客，若已離開則聯絡在台公司或旅行社

在Lost & Found單上填寫日期、地點、顧客姓名、物品名稱、物品特徵、拾獲人姓名，連同拾獲物品交房務辦公室

房務辦公室辦事員將Lost & Found資料打入電腦

將該項電腦代號記入Lost & Found記錄簿中

向櫃檯查詢顧客之通訊處或本地訂房公司，即刻聯絡

樓層服務員須在交班簿中詳細記錄，以備顧客查詢

如顧客前來領取時，應請顧客持身分證或護照領取，並在記錄簿中簽名

如失主托人來領取，必須有代領委託書，並做相同之領物手續

房務辦公室辦事員將電腦中Lost & Found的資料刪除掉

若顧客已C/OUT無法聯絡上，在顧客歷史資料的Comments欄中打入Found，以利下次顧客來交還

每半年整理一次Lost & Found物品

圖5-1 Lost and Found 處理程序

資料來源：作者整理。

房務小百科　浴缸

浴缸的污垢大多是體垢，即脂肪、蛋白質之類的累積。它會附著於浴缸邊緣及水位線上，呈白色狀，在熱水冷卻後，髒垢會凝固，牢牢附著在浴缸的邊緣。所以，房務員在洗浴缸時，用熱水來沖浴缸的污垢是最有效率的，而清洗過的浴缸最好再用乾布輕拭一遍，以免滋生黴菌。

	一般客房	總統套房
材質	琺瑯質浴缸	按摩浴缸
原理	無	浴缸內的水經由馬達的啟動，將水吸入吸水管路，再經由幫浦的功能將水擠壓進放水管路並且和空氣管路的空氣發生混合作用，然後由噴嘴口噴出，以如此循環的方式產生按摩作用。
功效	1.具有洗淨效果。 2.能消除肌肉疲勞。	1.具有洗淨效果。 2.能消除肌肉疲勞。 3.能夠治療肌肉痠痛。 4.能促進血液循環。
清潔與保養	琺瑯質浴缸要避免用強鹼或強酸的清潔劑，最好使用中性洗潔劑。	勿使用粗糙的抹布或菜瓜布擦拭浴缸，會產生刮痕並傷及浴缸表面。只要在裝水的浴缸中滴些中性清潔劑，讓其自行運轉三至五分鐘，再按開關排水即可清洗浴缸兼水管。
圖示		

琺瑯質浴缸

（圖為台北華國大飯店）

按摩浴缸

（圖為台北華國大飯店）

1.卸下床罩：

(1)從床罩頂部至床尾的位置摺成三摺，再從垂下床尾的部分床罩向前一摺。

(2)再將兩邊床罩對中一摺後再對摺一次，然後將床罩放置在椅子上。

(3)勿將床罩放在地上，並且須留意床罩是否夾著其他物品。

2.卸下枕頭套：

(1)左手執著枕頭套角，右手輕輕地把枕頭從套中拉出。

(2)重複將各個枕頭從套中拉出，並將各枕頭放在另一張椅子上。

(3)切忌過分猛烈地將枕頭從套中拉出，否則會爆裂，並且須留意枕頭是否有爆裂或有污漬。

3.卸下羽毛被：

(1)從角部開始，將羽毛被從床褥及床架之夾縫中拉出，並將羽毛被放在椅子上。

(2)留意是否破損或有燒灼痕跡。

4.卸下髒床單：

(1)從角部開始，將床單從床褥與床架的夾縫中逐一拉出，且應查看床上是否有遺留物，例如，首飾或電視遙控器等其他物品，以避免包在床單中送至洗衣房。

(2)留意床單是否有破損或夾著客人的睡衣，若有客人的衣服，先將其摺疊，於整理好床鋪後，放在枕頭上。

5.拿走已用過的床單及枕套：將這些已用過的床單與枕頭套放入工作車的帆布袋中。

二、整理床鋪

在整理床鋪時，必須注意工作姿勢，以避免拉傷或扭傷，其標準作業程序，茲說明如下：

1.羽毛被：現今的飯店普遍使用羽毛被，如台北凱悅大飯店、台北晶華酒店（鋪法程序如**圖5-2**）。

(1)先將清潔墊平坦地鋪在床上：

① 將清潔墊四邊的鬆緊帶套入床墊（彈簧床墊）的四角。

② 清潔墊的四角與鬆緊帶拉平，以保持床面平整。

(2)鋪第一層床單：

① 將床鋪拉出少許距離。

② 將第一層床單平鋪於床鋪上，床單摺痕應對準床的正中，再將床鋪四周垂下的床單整齊地塞入上墊下方。

③ 床單兩側下垂的部分平均。

(3)羽毛被套入被套：

① 手執羽毛被尾，將羽毛被頭拋向床頭。

② 拿被套並且站立於床尾，將羽毛被裝入被套中，並確定羽毛被四角及四邊平整地裝入被套。

③ 將羽毛被平鋪於床鋪上，羽毛被頂端與床頭齊平。

④ 留意羽毛被的商標要留在床尾的下方。

(4)將床歸位：站立於床尾，以立姿用膝蓋將床輕輕頂回原來位置。

(5)將枕頭放進枕頭套中：

① 用雙手的手指將枕頭套張開，讓空氣充入曾被粉所漿過的枕頭套內，以便放進枕頭。

1.卸下枕頭套、床單

2.將清潔墊平鋪於床上

3.將床鋪拉出少許距離

4.鋪第一層床單（手刀式將床單摺入）

5.床鋪後端須摺三角

6.將羽毛被套入被套

7.被套尾部要拉整齊且黏上膠帶

8.羽毛被完成動作

圖5-2　羽毛被鋪法程序圖

資料來源：作者拍攝。

9.用雙手的手指將枕頭套張開

10.用手刀將枕頭對摺

11.右手拿著枕頭前方，左手將枕頭
套張開

12.將枕頭放入枕頭套內

13.將枕頭套剩餘部分向內摺入枕頭
套

14.枕頭套內摺部分須用雙手弄平整

15.必須對角拿著枕頭

16.完成鋪床

（續）圖5-2　羽毛被鋪法程序圖

資料來源：作者拍攝。

② 右手拿著枕頭的前方，左手將枕頭套張開，將枕頭推進枕頭套的盡頭。

③ 拿著枕頭前方的右手須放手，並將枕頭的兩角推至枕頭套角的盡頭。

④ 伸出右手，並用雙手拿著枕頭套的尾部向下一抽。

⑤ 將四個枕頭雙雙疊放好，放於床頭的中央位置。

(6)鋪上床罩：

① 將已摺好的床罩放於床的中央位置，床罩尾需離地約一吋且兩側離地長度應一致。

② 將床罩頭部向床頭一拋，使整張床罩平放在床上。

③ 站在床頭，雙手拿著床罩頭部，將床罩蓋在枕頭上。

④ 當在床尾以雙手將床罩拋至床頭時，須以雙腳夾著垂下的床罩，床罩更易拋前。

(7)檢查是否整齊：再檢查一次全部是否平整並且無皺褶。

(8)髒床單丟入布巾袋內：

① 作完床後，將全部的髒床單丟入工作車的布巾袋內。

② 留意適當的尺碼。

③ 不潔之布不能堆積太高，否則外觀不雅。

2.毛毯：傳統、舊式的飯店普遍使用毛毯（鋪法程序如**圖5-3**），如墾丁凱撒大飯店。

(1)先將床墊布坦地鋪在床上：

① 將清潔墊四邊的鬆緊帶套入床墊（彈簧床墊）的四角。

② 清潔墊的四角與鬆緊帶要拉平，以保持床面平整。

(2)鋪第一層床單：

① 站立於床頭，將第一層床單平鋪於床鋪上，床單摺痕應對準床的正中。

1.鋪第一層床單(一)：將床單尾部聚成一團，丟至床尾

2.鋪第一層床單(二)：雙手伸高將床單伸展開來，並將床單拉至可摺入前部床墊之空間

3.鋪第一層床單(三)：將床單前部摺入床墊下

4.鋪第二層床單：程序同上，將第二層床單空出部位

5.鋪毛毯：程序同第一層床單(一)鋪法

6.鋪毛毯：程序同第一層床單(二)鋪法

7.鋪毛毯：程序同第一層床單之鋪法，但只能鋪到床頭前部

8.鋪上第三層床單：將第二層床單空出部位往上摺

圖5-3　毛毯鋪法程序圖

資料來源：作者拍攝。

9.將第二層床單空出部位往上摺一
　層，摺層須適度

10.將第二層床單空出部位再摺一層

11.將床鋪四周圍的床單塞入床墊下

12.完整的床鋪

13.將使用過的布巾放至工
　作車的帆布袋內

（續）圖5-3　毛毯鋪法程序圖

資料來源：作者拍攝。

② 床單兩側下垂的部分要平均。

(3)鋪第二層床單：鋪上第二層床單，床單頭需離床頭五至十公分。

(4)鋪毛毯：鋪上毛毯，但靠近電話邊的毛毯需對齊床緣，而毛毯頭部需離床頭二十至三十公分。

(5)鋪第三層床單：鋪上第三層床單，床單前端與毛毯前端對齊後，將第二層多餘的床單摺於第三層床單上。

(6)將四周垂下的床單、毛毯塞入上墊下方：將靠電話那側和另一側的床單、毛毯與床底多餘的床單，整齊地一起再塞入上墊下方。

(7)鋪上床罩：

① 將床罩放置於床的中央，床罩尾約離地一吋，且兩側離地長度應一致。

② 將床罩尾部向床尾一拋，使床罩平放在床上，將床罩頭部摺大約可放枕頭的空位。

(8)將枕頭放進枕頭套中：

① 用雙手的手指將枕頭套張開，讓空氣充入曾被粉所漿過的枕頭套內，以便放進枕頭。

② 右手拿著枕頭的前方，左手將枕頭套張開，將枕頭推進枕頭套的盡頭。

③ 拿著枕頭前方的右手須放手，並將枕頭的兩角推至枕頭套角的盡頭。

④ 伸出右手，並用雙手拿著枕頭套的尾部向下一抽。

⑤ 將四個枕頭雙雙疊放好放於床頭的中央位置。

(9)將枕頭放在床罩上：將裝好的枕頭放在床罩頭部所摺的空位上，用雙手拿床罩頭部，將床罩蓋在枕頭上。

(10)將床歸位：站立於床尾，以立姿用膝蓋將床推回原來位置。

3.注意事項：

(1)續住房一律將所有枕頭、枕套、床單拆除，不得自行判斷房客可能沒睡過或沒弄髒而不更換全部枕套及床單。

(2)若發現保潔墊髒時，必須一律拆除更換。

(3)拉床時應採取蹲姿，以雙手緊握床尾下方的橫桿且身體重心向後傾，以身體的重量帶動床的移動，切忌使用猛拉，以免導致脊椎或手腕拉傷。

(4)推床時，應以立姿用膝蓋輕輕頂回原來位置，切忌彎腰推回床鋪而導致脊椎受傷。

(5)若發現床單或毛毯有燒焦或污損時，要保留原狀，並通知主管處理。

(6)鋪床時若發現床單、枕頭套有污點或需淘汰時，要另外挑出處理。

三、擦拭客房傢具

　　整理客房時難免會有灰塵、細小毛屑出現，通常客房中之灰塵毛屑之落下需要七至八天的時間，因此，房務員每天的清潔工作結束後須再做一次擦拭動作。假如為退房的客房，更應在領班查房之前，再做一次擦拭動作，以確保客房中的清潔度與完整：

1.擦拭傢具的基本原則：

(1)擦拭客房內傢具之順序應以同一方向進行擦拭，以避免遺漏。

(2)抹布應擰乾，以免太濕留下水痕。

(3)擦拭傢具的同時，順便記憶客房內須補充之備品，以便節省來回走動的時間。

(4)擦拭玻璃面的傢具時，一律用乾布噴上玻璃清潔液（但禁用碧麗珠），使其保持光亮。

(5)擦拭時切忌使用濕布擦拭熱燈泡，以避免燈泡爆裂或觸電，造成自身及房客危險。

2.擦拭傢具的注意事項：

(1)擦拭門：注意門牌、門把、門鎖、防盜眼的擦拭，並檢查早餐卡（若有摺損，則應加以更換）。

(2)擦拭衣櫥：

① 檢查衣櫥內燈、衣櫥門開關是否正常。

② 由上往下擦拭，由最上層的櫥架開始擦拭，順便檢查備用枕頭及毛毯數量有無短缺、是否乾淨、摺疊擺放是否整齊。

③ 男女衣架須依規定擺放，並將飯店標誌（Logo）朝外。

④ 擦拭衣櫥內掛衣架、領帶架、抽屜、保險箱、鞋籃及衣刷上之灰塵。

⑤ 檢查洗衣單、洗衣袋及衣櫃抽屜內應有備品是否齊全。

⑥ 已退的客房仍須檢查保險箱內是否有客人遺留物。

⑦ 衣櫃內最底部之大理石地板也須擦拭。

⑧ 若客人在房內，只須檢查抽屜內備品是否需要補充，無須拉開每個抽屜，以避免客人誤會。

(3)擦拭書桌：

① 擦拭桌面，若桌面上有房客物品，擦拭桌面後須歸位。

② 輕拭桌燈燈罩，切忌使用濕布擦拭熱燈泡，以免發生燈泡爆裂。

③ 檢試桌燈開關是否正常。

(4)抽屜：

① 退房的客房：每個抽屜的擦拭非常重要，所以須將抽屜全部

打開，以徹底擦拭內部；而在進行擦拭的同時，須注意是否有毛髮或前房客之遺留物。

② 續住房：為了避免造成客人誤會，若非必要無需擦拭，只需檢查是否需要補充備品。

(5)擦拭書桌椅：注意椅墊縫隙之灰塵、紙屑；椅腳、椅背木質部分之灰塵。

(6)擦拭電視、電視櫃：擦拭螢幕及後方散熱殼，縫隙要加強清理以免積留灰塵、污垢，搖控器須歸位，電視櫃內外、抽屜及開關的把手須擦拭乾淨，內藏式的電視櫃，放置電視的底部及後方平常較不易擦拭，容易堆積灰塵污垢，故須安排保養工作，電視櫃下方若有擺放書報雜誌，移開擦拭後並將之擺放整齊並檢查雜誌是否過期，若過期須更新。

(7)擦拭床頭櫃：

① 擦拭床頭控制板，並檢查每一個按鍵功能。

② 擦拭床頭燈，注意燈罩之灰塵，燈座須擦亮。

③ 抽屜內有電話簿及聖經，須移開擦拭並歸位。

(8)擦拭電話：

① 擦拭表面灰塵並擦拭乾淨避免異味，必要時，以酒精來清除異味。

② 檢查是否有接通之訊號聲。

(9)擦拭沙發：須把沙發墊拉起擦拭（因為縫隙常有毛髮及餅乾屑等髒污），若發現沙發墊上有咖啡、可樂漬等要立刻更換。

(10)擦拭窗台：擦拭窗戶及踢腳板，若踢腳板有鞋油或其他污垢，可用牙刷、牙膏清除，檢查紗窗簾、裝飾窗簾是否有破損或骯髒，紗窗簾、捲簾拉動是否正常。所謂裝飾窗簾是無法移動的窗簾，其主要功能為美觀，常有房客誤以為此種窗簾可以移

動，故常在拉扯時發生故障，所以在擦拭時，若發現故障應立
即通知工程部維修。

(11)擦拭調溫器：擦拭調溫器並檢查冷氣運轉是否正常。

① C/O房：須將溫度調整至規定溫度。

② 續住房：不須調整調溫器，只須將外殼擦拭乾淨。

四、垃圾與布巾的收集流程

垃圾處理方面，續住房或C/O房之清潔流程基本上是大致相同，但針
對C/O房時，必須將房間恢復成可售房，而續住房則因客人仍在使用中，
因此，在清潔時必須有所區分。針對續住房與C/O房不同的處理方式來做
說明；另外再介紹布巾收集與發放之作業流程與應注意事項，茲說明如
下：

1.垃圾處理：

(1)續住房：

① 只有客人放在垃圾桶的才是垃圾。

② 房客遺留在浴室內的報章雜誌，即使丟在地上也不可隨便丟
棄，應予以整理後放置於書桌上。

③ 有時候客人的東西會不小心地從桌面滑落掉入垃圾桶，所以
在倒垃圾時也需注意垃圾桶內的東西，例如，機票、護照、
手錶、首飾、特殊收集品甚至金錢等。

④ 不可隨便把客人揉掉的紙團倒掉，甚至報紙、寫有數字或留
言的便條紙。

⑤ 收集房客隨手放置使用過的棉花棒、化妝棉、衛生紙於垃圾
桶內。

⑥ 飯店所提供的浴室備品，可在客房使用完畢後收集丟棄。

⑦ 所有房客私人的盥洗用具或其他的空罐或空瓶，除非房客自行丟棄於垃圾桶內，否則不可以丟棄，因為房客可能有其他特殊用途。

(2)C/O房：

① 清除垃圾桶內的垃圾，任何空盒子、購物袋等物品，務必個別查證確定有無任何物品、文件（例如，機票、帳單等）。

② 任何客人所留下來的物件、物品，如果有疑問，須立即報告領班處理（其他同事無法為你做主）。

③ 飯店所提供的浴室備品，可在客房使用完畢後收集丟棄。

(3)注意事項：

① 垃圾袋應寫上樓層號碼，當客人發生遺失物品而須找尋垃圾袋時，可縮短尋找遺失物的時間。

② 清倒垃圾時，須注意客人的物品以及刀、叉、水杯等物品不可倒掉。

③ 破碎物品應另外包裝，並以紅色奇異筆做記號，以避免發生意外。

④ 未熄滅之煙蒂不得倒入垃圾袋，以免發生危險。

⑤ 如發現任何違禁品丟棄於垃圾桶內，應報備主管通知警方處理。

2.布巾收集：

(1)開始整理房間時，要先清點使用過的毛巾、床單、枕套等數量，若有缺少，則要在房間整理表上註明。

(2)將所有使用過的毛巾、床單、枕套收出，放於工作車的帆布袋內，並將數量填在房間整理表上。

(3)將使用之數量全部統計後，連同髒床單、毛巾、枕套送至洗衣

部待洗。

(4)洗衣廠商隔日會將送洗之布巾送回，房務員須確實點清楚數量是否正確。

(5)注意事項：

① 對已損壞或有污漬的布巾，立即更換並報告領班，放入專用袋子中，送回洗衣部。

② 領班每天要查看房間整理表，將遺失之布巾填寫W/O（Walk Out）單。

③ 領班要隨時注意布巾之數量控制，除客人把備品帶走之外（W/O），還要注意員工帶走之流失。

④ 拾起使用過的毛巾，並輕輕抖動，以確定無房客的衣物包裹於毛巾中。

⑤ 更換使用過的浴袍時，務必檢查浴袍口袋內是否有房客的私人物品。

⑥ 若發現異常染色或過分髒污的毛巾時，應報告領班備查並且分開處理，以免污染其他毛巾。

⑦ 若發現染有血跡的毛巾時，應報告領班並且慰問房客是否有受到外傷及安排就醫，而在處理毛巾時，房務人員須戴上手套以防細菌感染。

 第四節　浴室清潔作業

浴室清潔在房務工作中占很重要的地位，有人認為浴室不重要，因它比較不會引人注意，但是一個懂得經營的人就會知道，無論是商品的廣告或是行銷的手法，無時無刻不在為自己的商品招牌打廣告。而懂得

消費者心理，須從小細節處著手，因為浴室的清潔與美觀可給客人不同的感覺與體驗。此外，飯店備品的管理也很重要，因為備品乃為飯店行銷的一個重要組成部分，它可做為推廣宣傳的材料之一，因此，備品的品質、造型設計以及擺設等，也可加深顧客的印象，飯店經營者不得不重視。以下將介紹浴室清潔的作業流程與浴室備品擺設及補充時應注意事項。

一、浴室清潔的作業流程

如何將工作落實並且達成高效率的工作品質，房務員應嚴格遵照飯店制定的作業流程，當所有房務員都已熟悉飯店的作業流程後，便能自覺且有效率地完成每一項清潔工作。

1.進入浴室：
(1)開亮浴室的燈並將清潔用品放在浴室的中央。
(2)留意是否有壞燈泡。
2.洗杯：
(1)轉動洗手盆的熱水，將杯子放入洗手盆內，用熱水及百潔布清洗，洗後將杯子倒放於洗手盆旁的石檯上。
(2)留意杯子是否有破裂。
3.洗皂碟：
(1)將皂碟放入洗手盆內，用熱水及百潔布清洗，洗後將皂碟倒放於洗手盆旁的石檯上。
(2)留意皂碟是否有破裂。
4.洗煙灰缸：
(1)將煙灰缸放入洗手盆內，用熱水及百潔布清洗，洗後將煙灰缸倒放於洗手盆旁的石檯上並關閉熱水。

(2)留意煙灰缸是否有破裂。

5.抹乾杯子：

(1)將特備的杯布張開放在左手上，然後將溼杯正面放在左手的杯布上，右手拿著杯布的另一端，將其推進杯內，再以右手的拇指配合左手的杯布，順時針方向轉動，直至杯子內外全乾；最後將杯子對著燈光照射，看其是否清潔，再把杯子放在乾淨的石檯上。

(2)勿用猛烈的手法轉動杯子。

(3)將杯子內外用杯布包著，可防突然杯子破裂傷害手部。

6.抹乾皂碟：將皂碟放在左手的清潔布上，以右手提起清潔布的另一端，將皂碟抹乾並將皂碟放於乾淨的石檯上。

7.抹乾煙灰缸：

(1)將煙灰缸放在左手的清潔布上，以右手提起清潔布的另一端，將煙灰缸抹乾並將煙灰缸放於乾淨的石檯上。

(2)留意煙灰缸的煙溝是否清潔。

8.清潔座廁：

(1)拿起座廁蓋板並按沖水把，手拿廁刷擦磨座廁內壁，以百潔布的背面海棉抹濕座廁外壁及蓋板；最後用乾布將座廁外壁及蓋板抹乾。

(2)當座廁出現大量污漬時，須倒入適當的潔廁劑，過一會兒才用廁所專用清潔布擦拭，當擦磨廁盆內壁時，須特別留意出水孔及廁所孔的U型凹槽的地方。

9.清潔浴缸：

(1)將浴缸活塞關閉，將小量熱水及清潔劑倒入浴缸中，用百潔布混合皂水後清洗浴缸內外、鋼器、牆壁及浴簾；最後開啟浴缸活塞，讓皂水流走並開啟熱水花灑器，讓熱水射向牆壁及浴

　　缸，沖走污漬。

　　(2)清潔方法由上至下，勿用百潔布的粗面猛烈磨擦光亮的鋼面，
　　　　這會導致鋼面磨花。

　　(3)勿用酸性清潔劑或沙粉清洗浴缸，否則會損壞浴缸表層的光亮
　　　　及堵塞下水道。

　　(4)若只用皂水清洗而不以清水沖洗，會導致污漬再次沉澱在浴缸
　　　　上。

10.清潔石檯：用沾了皂水的百潔布輕輕磨擦石檯四周，並特別留意
　　石檯的角落，由內至外清洗。

11.清潔洗手盆：用沾了皂水的百潔布輕輕磨擦洗手盆及鋼器，如水
　　喉開關及水龍頭等，並特別留意活塞的清潔，看是否有雜物或毛
　　髮在內。

12.抹乾浴簾、牆壁、浴缸、石檯及洗手盆：

　　(1)用備用的毛巾一一抹乾。

　　(2)切勿用住客尚未用過的毛巾抹污水。

13.更換毛巾：

　　(1)將住客用過的毛巾放在毛巾袋內並從工作車內取出相同數量的
　　　　毛巾；最後將乾淨的毛巾補回浴室內適當的毛巾架上。

　　(2)留意新毛巾有否脫線。

14.補齊浴室用品：將住客已消耗之用品補回浴室原位，並留意用品
　　包裝是否符合飯店標準。

15.抹鏡：

　　(1)用一條半濕的清潔布抹乾淨，再用另一條乾淨布抹亮。

　　(2)特別留意洗手盆上面約一呎的鏡面，因為那裡常有皂漬及牙膏
　　　　漬。

16.抹塵及打蠟：

(1)用一條半濕布順時針方向環繞浴室各處抹塵（例如，座廁、水箱、各類毛巾架、掛衣鉤、石檯、浴室門、浴缸及其他暗角地方），並用傢具蠟噴於一條乾布上，然後以環形方法擦拭石檯及浴室門；最後以地布抹整個浴室地面。

(2)勿用客人用的毛巾抹塵或抹地，而抹地時，須特別留意抹牆角。

17.最後檢查：看看是否遺漏任何工作程序或忘記補回用品及取回清潔物品等，以防止任何物品留下。

18.離開浴室：關閉浴室燈並拿走所有浴室清潔物品，而浴室門須半掩，讓室內空氣流通。

二、浴室備品的補充

浴室設備與浴室備品在第四章已提過了，浴室設備會因該客房的大小、裝潢等而有所差異；浴室備品也會因續住房或C/O房的需求不同，而有不同的擺放要求與補充標準，茲說明如下：

1.補充備品時正確的擺放位置：

(1)確定所有沐浴精、洗髮精、棉花棒、棉花罐、肥皂盒、棉花、肥皂等用品已補充齊全，並逐一放置於規定的位置上，將之定位及擺正，補充備品時以右邊或左邊同一方向開始補充以免遺漏，且須將公司的商標朝上擺放。

(2)衛生紙、面紙須折成三角形形狀，保持美觀。

(3)補充大毛巾、中毛巾、小毛巾、足布等物時，應確定每項布巾沒有破損、鬚邊、污點或發黃。

(4)大浴巾摺縫及開口應朝內牆，朝裡面。

(5)毛巾類的飯店商標應正面朝外並且摺疊整齊。

(6)續住房內需以中或小毛巾平鋪於檯面上，並將客用物品整齊排列於上（以免酸性化妝品損壞大理台檯面）。

(7)續住房的足墊平鋪於洗臉檯前，C/O房則摺疊放置於浴缸扶手中央。

(8)浴袍補入時需確定其清潔無破損。

(9)續住房的浴袍若有使用過但還乾淨清潔，則直接吊掛整齊，C/O房的浴袍若前房客已使用過，則一律更新。

2.備品的更換與補充標準：補充備品依每間飯店規定之不同而有所差異，若已退的客房則一律換新，以維持充裕的使用設備；續住房則依照下列之標準更換：

(1)肥皂更換標準：肥皂用去三分之一，須立即換新（保持三分之二）。

(2)衛生用品類更換標準：衛生紙、面紙盒不得少於三分之一，應隨時注意及補充。

(3)備品擺設標準：依每間飯店規定之不同而有所差異，單人房和雙人雙床房應擺設兩套備品。

(4)毛巾擺設標準：毛巾數量雙人雙床房和雙人單床房放四條大毛巾、三條中毛巾、二條小毛巾；套房放四條大毛巾、三條中毛巾、三條小毛巾。

3.注意事項：

(1)補充備品或毛巾時應一次完成，避免多次往返浪費時間。

(2)發現浴袍、毛巾、浴墊等物品遺失或損壞時，應報告上級主管立即處理。

(3)若客人將備品的外殼弄髒或弄濕時，則須更換。

專欄　借用備品的登記與備品點交的處理

一、借用備品的登記

(一)步驟

1.接獲通知。

2.取出借用備品。

3.送至客房並請在登記本上簽收。

4.登錄並交代接班人員。

5.備品歸位，記錄本銷帳。

(二)標準

1.必須由房務部通知或客人當面告知。

2.於庫房或服務室取備品，特定備品則至房務部借用。

3.原則上應與客人當面點交，並請客人在借用單據上簽收。

4.依登錄之情形追蹤處理，最遲於客人退房時需取回備品。

5.客人歸還之備品放回服務室或庫房，向房務部借用的則還回房務
　部，並在備品借用記錄本上註明歸還日期，並銷帳。

(三)注意事項

若送備品至客房時，客人正好不在，可稍後再送。

二、備品點交的處理

(一)步驟

1.每日例行交接工作。

2.清點庫房及加入房間數量。

3.核對交班之記錄。

4.追蹤備品之去向並予交代。

5.簽名。

(二)標準

1.各班人員必須確實點交工作。

2.備品之總數必須正確。

3.當面查點備品及瞭解去向。

4.持續追蹤並記錄，以便交代下一班人員。

5.核對正確後簽名。

(三)注意事項

1.必須清楚記載備品之流向。

2.數量不符，必須馬上追蹤。

3.交接班必須簽名以示負責。

 第五節　個案探討與問題分析

一、房務個案

(一)蜜月房

Echo：三十三歲，房務員，在職二年，目前正訓練阿凸

Toast（阿凸）：二十一歲，實習房務員

Peggy：二十六歲，1120號房蜜月客人，Paling的妻子

Paling：二十八歲，1120號房蜜月客人，Peggy的丈夫

這天祈情飯店舉行一場粉紫色的婚禮，直到夜幕低垂，賓客們紛紛離席……

在如此幸福滿溢的氣氛底下，Peggy與Paling倆甜滋滋地坐在旋轉咖啡

廳窗旁凝望著，讓彼此這一片片柔情，輕緩地貼上彼此的心田，隨著這段情感緩緩昇華為纏綿的萬種情絲，而黑鑽般的夜景悄悄地鼓動兩人結實的愛情，在祈情飯店中度過了蜜月期的一晚。

（1120號的蜜月房裡）

Echo進到客房，開始針對目標翻動床鋪時，從棉被裡滾落一只已用過的保險套，起初她以為只是普通的垃圾，因此便繼續哼著她那年代的流行歌曲——舞女。

「……有誰人會瞭解做『論買』（Room Maid）的悲哀……嗯……」

一邊輕鬆地將枕頭套等備品卸下，翻開棉被的同時，赫然發現床單及被套上沾上了鮮血。她傻了幾秒鐘，僵硬地慢慢看向躺在地毯上那只「洩了氣」的保險套，Echo只覺得天地間突然變得混沌，嘴角不自覺地抽動著，歇斯底里道：「討厭，這個也亂丟……」但也只好迅速地準備將這件遺留物處理掉，突然——

「哎呀！」在浴室的Toast喊了一聲。尚在實習的Toast一臉疑惑地拿著一件挺怪的玩意兒踏出浴室。「Echo姐，妳看這個……這是什麼？」

Echo姐用著國台語笑笑地說：「阿凸妹啊！妳不知道皆啥哦（台語）！呵呵呵……安呢你看這個是不是更噁心的……」——原來Toast在浴室裡發現一排尚未開啟的保險套。

(二)迷糊的教訓

志村濺：三十八歲，日籍珠寶鑑定師顧問，住1315號房

飯搗噯：三十五歲，志村濺的妻子

這是志村濺先生結婚前五年的事了。

志村濺的女朋友飯搗噯與父親從日本北海道千里迢迢地到台灣見他，這天他們一同相邀至基隆遊玩，這是志村濺第一次在台灣度假，他們在

一間飯店住宿已有四天。

（這一天午後——）

「小姐，剛剛我和您說的務必請妳幫忙一下，志村他不會發現的，我們只是測測他而已，妳們只要……」飯搗噯掛上電話後，偷偷地笑著坐靠在床畔，隨手翻閱著飯店新版的風景區導覽。

「鈴鈴鈴……」迅速地接起身旁的電話，飯搗噯說：「摸西摸西，……嗨，多桑，志村濺還在廁所，……嗨，……我知道了，我已經打電話跟櫃檯說了，……請他過去您那裡一起喝茶……，嗨，一切照多桑的意思了。」悄悄地掛上了話筒後，飯搗噯一面整理著待會兒出門的皮包，一面沏好志村濺愛喝的鐵觀音。

「小噯，妳要出門啊！等一下好嗎？我想和妳一起出去。」志村濺從浴室裡慢條斯理地走出來，一陣茶香撲上了鼻子，他摟著女朋友輕輕地說著。

「唉呀！明天再一起出去逛好不好，多桑找你過去喝蔘茶，等你很久了呢！我自己去就好了，出門時記得鑰匙放在化妝台的中間抽屜，記得帶哦！我出門了，有事打手機給我。」飯搗噯交代完後，便離開了客房。

志村濺幫女朋友關上門後，立刻打了通電話給父親大人：「多桑……，馬上就過去了，請您稍等一下。」於是他穿上一件短袖外套及一件睡褲、一雙飯店的室內拖鞋，便走到父親的房內，由於他認為不會待太久，因此就這麼「性格」（台語）地走出房門，更帥的是他並沒有帶著女朋友千交代萬交代的鑰匙，且將門微啟，根本忘了門一旦闔上，缺少了鑰匙，是無可倖免地必須走一趟櫃檯的……

離開房間後的幾秒，門緩緩地闔上了，此時的志村濺猶然不知情地喝著蔘湯，及幾道中式藥膳，一邊與父親聊天。

「啦啦啦……」志村濺悠閒地散步回房，一邊用牙籤剔牙，一面輕

鬆地扭著不算臀部的臀部，正要推開門時，突然發現——門居然鎖上了（志村濺頭上同時有好幾隻烏鴉飛過）！他摸了摸口袋發現沒有帶鑰匙，而一身穿著「性格」的打扮，正在矛盾與苦惱時，就這麼巧地遇上當班的房務主任。

（另一方面）

房務主任從走廊一端見到一位穿著頗好笑的客人，她心底偷偷的笑著，因為剛剛飯搗嘜已經交代櫃檯，志村濺很可能會被鎖在外頭，房務主任以非常正經的態度詢問志村濺：「先生您好，請問您需要幫忙嗎？」

「我是住在這間房的志村濺，因為忘了帶鑰匙出門，而被關在房外，不知道該如何是好……妳是房務部的吧?!那可以麻煩妳幫我開房門嗎？」志村濺心中突然燃起了一絲希望。

房務主任由於剛剛受了老先生及飯搗嘜小姐的交代，只好——假戲真做。

「志村先生，請問您有任何文件能證明您是此客房的房客嗎？」

「嗯——沒有，我沒帶任何證件，一定要證件才可以開門嗎？」

「是的，這是保障房客的安全」

「……對了，我父親在房內，我去找他做證。」志村濺只好默默地到父親的房門外按門鈴求救，按了許久的門鈴，都無人回應，志村覺得愈來愈尷尬了——其實這件事就是志村老先生所設計的，怎麼可能會開門幫他作證呢！

「小姐真的不能幫我開嗎？可是我可以保證的……」

而志村濺卻從沒有懷疑過，這是他愛整人的父親所安排的。

房務主任裝做有些為難，最後還是開了房門，請他出示證件，這件事情便到此告一段落。這一切全是個圈套，而志村濺到現在才知道當初是被整了。

二、問題與討論

1. 請問若您是房務個案(一)中的房務員Echo，見到保險套及沾滿鮮血的布巾時，您會如何處理？

2. 請問打掃待整房的清潔流程？

3. 假使1120號房仍有住客，這兩位房務員是否該注意什麼事情？

4. 房務個案(二)的故事是房客要求飯店配合的，當您被房客如此的要求時，您會如何處理呢？

5. 請問假使您遇上一位忘記帶鑰匙的客人，向您要求幫他開門，在不確定他是否為房客時，您應該如何處理最妥當？請問您應當注意什麼？

Chapter 6

客房清潔後的檢查標準

客房檢查作業

    客房檢查基本原則

    客房狀況的瞭解

    房間報表作業

    故障物報修的介紹

臥室設備的檢查

    床、枕頭、燈具、電視的檢查

    電話、書桌、空氣調節、迷你吧的檢查

    衣櫥、窗簾、牆壁的檢查

    地毯、天花板、房門的檢查

浴室設備的檢查

    鏡子、洗臉盆、浴缸、淋浴間的檢查

    馬桶、浴室備品、排水、天花板的檢查

個案探討與問題分析

　　商場最重人際關係的維繫，商業職業教育，應透過教學、訓導等
方式，培養學生的氣質，訓練學生的人際適應能力。　　——王廣亞

　　客房為飯店中最重要的核心單位，而如何提供給客人一個舒適、乾
淨與高品質的客房是房務部所有工作者一致努力的目標。因此，客房清
潔後的檢查工作就非常重要，因為它是銷售前最後的一個關卡。而房務
部中領班就扮演著客房清潔後檢查的重要角色，他們須具備相當豐富的
房務專業知識、細心、耐心與美中求更完美的特性，故他在房務部是一
個「挑剔執行者」，其主要的工作為客房清潔後的檢查；就是房務員整
理好房間後，領班再作最後的檢查，即再次確認（Reconfirm）的動作。
在領班確認客房都是在良好的狀態後，就可向房務部辦公室報告客房的
最新狀況，謂之OK Room（即可報賣的房間）。而事前的檢查工作，無
論是續住房（Occupied）、空房（Vacant），尤其是空房／已整理的房
間（Vacant/Clean），更需要細心的檢查。一般而言，在顧客抵達飯店辦
理住房後，會有很多時間是在客房內度過，所面對的只有房內的硬體設
備，因此，如果設備不完善與不齊全，都會造成顧客的不便與抱怨，亦
會直接影響顧客對飯店印象之優劣。客房清潔後檢查標準的制定，可及
時改善設備不全所產生的問題，並且避免備品遺漏補充的種種缺失，繼
而提升服務品質。本章分四部分說明，首先介紹客房檢查作業；其次介
紹臥室設備的檢查；進而是說明浴室設備之檢查；最後則為個案探討與
問題分析。

第一節　客房檢查作業

　　領班身為一個部門的挑剔執行者，為房客住宿品質把關，嚴格謹慎

地審視客房的各個角落，以求房客能有個舒適清潔的住宿環境。而查房須具備的基本原則、客房狀況的掌握、平日報表的填寫作業，都是身為專業領班應當瞭解的基本概念；最後再介紹如何填寫維修單，在寫完維修單後應送至工程部等作業，在本節將會有詳細介紹。

一、客房檢查基本原則

檢查即是預防，客房內的設備不論是臥室或浴室的小細節處，皆必須細心地檢查，保持正常之狀況才可報賣。掌握客房檢查必須保持的七大基本原則，茲說明如下：

1. 不要讓眼睛習慣骯髒的環境。
2. 必須具備「五到」：查房作業時必須要做到眼到、手到、耳到、鼻到和心到。
3. 遵從循序鑑察的原則：由上而下→由外到內→左右觀望，動作均需由同一方向開始逐一檢查，以避免遺漏。
4. 記錄查房之狀況：在「客房檢查記錄表」（如**表6-1**）上記錄每一間客房的檢查狀況，以方便查詢。
5. 發現任何髒的傢具及備品，馬上查看並擦拭或更換，發現任何破損，立即要求修繕，並於修繕後馬上作複檢動作。
6. 特別注意檢查不易保持清潔的部分，如馬桶、垃圾桶等。
7. 不要忘記檢查房間門（例如，手把、門扣）、安全門、自動鎖、警報器的狀況。

表6-1 客房檢查記錄表

樓：　　　　　　　　　　　　　　　　　　日期：　年　月　日

檢查者：

房號Room No L　　R	臥室	衣櫥	衣櫥
01　　40	A1.明信片	B1.拖鞋	C1.塑膠杯墊
02　　41	A2.信紙	B2.鞋布	C2.皂碟
03　　42	A3.信封	B3.衣刷	C3.肥皂
04　　43	A4.飯店簡介	B4.鞋把	C4.浴鏡不潔
05　　44	A5.休閒活動表	B5.男衣架	C5.馬桶不潔
06　　45	A6.意見書	B6.女衣架	C6.浴缸不潔
07　　46	A7.床罩	B7.行李架	C7.浴室電話不潔
08　　47	A8.早餐卡	B8.購物袋	C8.小毛（缺）
09　　48	A9.床裙	B9.洗衣單夾	C9.中毛
10　　49	A10.火柴	B10.水洗袋	C10.大毛
11　　50	A11.煙灰缸	B11.乾洗單	C11.足布
12　　51	A12.便條夾	B12.水洗單	C12.浴鹽
13　　52	A13.便條紙	B13.燙衣單	C13.棉花球
14　　53	A14.點餐本	B14.咖啡包	C14.浴球
15　　54	A15.時鐘不準	B15.保險箱鎖住	C15.洗髮精
16　　55	A16.鉛筆	B16.保險箱缺電池	C16.沐浴精
17　　56	A17.大面紙	B17.保險箱觸棒	C17.護手膏
18　　57	A18.大面紙盒	B18.M/B帳單	C18.防曬油
19　　58	A19.電報紙	B19.飲料夾	C19.牙刷
20　　59	A20.宣傳單	B20.茶包	C20.牙膏
21　　60	A21.電視價目表	B21.茶包籃	C21.浴帽
22　　61	A22.館內整修單	B22.吧台積灰	C22.梳子
23　　62	A23.抽屜有東西	B23.水杯	C23.刮鬍刀
24　　63	A24.扶手椅不潔	B24.紙杯墊	C24.棉花棒
25　　64	A25.壁紙不潔	B25.咖啡杯組（杯、盤、湯匙）	C25.毛巾勿攜出卡
26　　65	A26.地毯不潔	B26.調酒棒	C26.衛生袋
27　　66	A27.床底不潔	B27.除霜	C27.衛生袋夾
28　　67	A28.天花板不潔	B28.熱水瓶故障	C28.捲紙

房號Room No		臥室	衣櫥	衣櫥
L	R			
29	68	A29.四方桌不潔	B29.熱水瓶未加水	C29.吹風機
30	69	A30.穿衣鏡不潔	B30.缺熱水瓶	C30.面盆塞住
31	70	A31.化妝鏡不潔	B31.D.N.D.卡	C31.浴地毛髮
32	71	A32.電視鏡框髒	B32.打掃牌	C32.面盆毛髮
33	72	A33.冷氣迴風口髒	B33.逃生指示牌	C33.水杯不潔
34	73	A34.高腳桌髒	B34.保險箱說明書	C34.咖啡杯組未清洗
35	74	A35.電視轉盤	B35.冰盒未加水	C35.桶燈
36	75	A36.鋁門玻璃髒	B36.熱水瓶不潔	C36.貝殼燈
37	76	A37.壁紙裂開	B37.缺飲料	C37.面盆裂
38	77	A38.燈罩損壞	B38.飲料過期	C38.飲用水滲水
39	78	A39.衣櫥鏡不潔	B39.門後檔壞	C39.浴缸鍊鉤故障
	79	A40.臥室電話髒	B40.反扣檔鬆動	C40.浴缸鎖故障
	80	A41.化妝桌下有垃圾	B41.沙發床卡	C41.馬桶故障
	82	A43.化妝燈	B43.衣櫥百葉門壞	C43.缺防滑墊
	84	A45.夜燈	B45.保險箱鐵片脫落	C45.環保卡
	85	A46.抽屜壞	B46.衣櫥燈	C46.浴缸塞未塞
	86	A47.沙發破掉	B47.冰箱崁燈	C47.浴缸水龍頭故障
		A49.音響故障	B49.穿衣燈	C49.面盆下水管滴水
		A50.冷氣故障	B50.房價表脫落	C50.飲用水牌脫落
		A51.床腳脫落	B51.TV遙控器	C51.垃圾桶內有垃圾
		A53.床頭板脫落	B53.消費指南	C53.飲用水滴水
		A54.床頭燈頭斷	B54.電話貼紙	C54.面盆水龍頭故障
		A56.化妝桌脫漆	B56.冰箱內東西未收	C56.掛衣線
		A58.電視故障	B58.缺紗窗簾	C58.淋浴間蓮蓬頭故障
		A59.電話故障	B59.音響櫃按鈕故障	C59.浴門後檔套子
		A60.鋁門壓條脫落	B60.電鈴故障	C60.浴室垃圾桶紙墊
		A61.鋁門軌道	B61.讀者文摘	陽台
		A62.跨腳椅	B62.遙控器貼紙	D01.地磚破洞
		A63.插頭故障	B63.冰桶內髒	D02.排水孔堵塞
		A64.壁畫壞	B64.酒櫃上有茶渣	D03.欄杆脫漆
		A65.窗簾桿脫落	B65.聖經	D04.陽台不潔
		A66.行李架髒		D05.陽台玻璃不潔
		A67.枕頭		

資料來源：作者自製。

客房之檢查同清潔的步驟，由房門開始逐一順序之檢查，亦可避免遺漏，其項目和重點及處理如下表：

客房檢查項目說明表

區域	項目	重點	處理
房門	門鈴	是否工作正常	
	貓眼	是否正常，是否鬆動	
	防盜鏈	是否安全掛牢或鬆動損壞	
	門鎖	開關平順正常、內反扣正常	鬆動、過緊均報修
	門板	木質清潔無刮痕、防盜眼無損壞　門框是否清潔，開門時有否聲音	防盜眼保持清晰
	緊急疏散圖	指標正確、壓克力的清潔	壓克力有灰塵
	房間整理卡	DND、MUR保持整潔	摺痕不良要更換
	早餐卡	清潔未寫字，檢查正確版	汙損更新
	安全扣	穩固、不宜太鬆	要調緊
	門檔	穩固、橡皮無缺	
	門燈	可正常點亮	燈罩內有灰
衣櫥	門	衣櫃門是否推拉靈活、門板無刮痕、門檔穩固	門檔易脫落
	電燈	櫃內之自動開關電燈是否操作正常	
	衣架桿　衣架	男、女衣架分類掛整齊　衣架是否有塵土、衣架桿清潔	
	毛毯　枕頭	衣櫥架清潔無灰，毛毯、枕頭摺疊整齊，浴袍按件擺整齊	
	購物袋	補充齊全、注意衣刷乾淨	
	衣櫥燈	有衣櫥燈要亮	
	底板	擦拭乾淨、刮傷要油漆，拖鞋擺整齊	拖鞋字體要一致
	冰箱架	擦拭清潔、燙傷要油漆、玻璃要明	注意玻璃棉絮

區域	項目	重點	處理
衣櫥	冰箱	飲料補齊、無過期 內外是否清潔無漬 內部存放的酒水是否擺放整齊，並在保持期內 溫度調節是否適中，夏天調在刻度1、冬天調在刻度3	
	水果盤	刀、叉、盤清洗乾淨，煮水器無水垢	煮水器要保養
	床罩	要疊放整齊	
床	壁畫	吊掛平正、畫框清潔	
	床頭板	擦拭乾淨、懸掛固定、是否有灰塵與牢固	
	床	床單、被套、枕頭、枕套鋪放是否鋪疊整齊、美觀並保持平滑	注意平整
	床頭櫃	擦拭乾淨，控制開關功能正常、備品補充齊全	
	床下地毯	注意床下有無異物	
	電話	線路正常、時間正確、留言功能正常 操作正常、訊號燈操作正常、電話及電話線是否清潔衛生	要測試語音留言
	IDD手冊	檢查正常、無塗鴉	污損更新
	床腳	是否損壞	
	床頭燈	燈泡瓦數正確，燈罩乾淨無裂痕 小夜燈正常	
化粧桌及傢俱	行李架	抽屜乾淨、檢查無物品	注意遺留物
	護板	擦拭乾淨、吊掛	
	電視架	擦拭乾淨、檢查雜誌有無過期	過期雜誌收出
	電視	電視機頻道是否在指定位置上 電視遙控器是否工作正常	先行自我檢查再報修
	電話	線路正常、時間正確、留言功能正常 操作正常、訊號燈操作正常、電話及電話線是否清潔衛生	要測試留言
	文具夾	備品完整、依規定數量補足，擺放整齊	
	小花瓶	空房水要倒掉	
	化粧鏡	鏡面無汙痕，鏡框無灰塵保持光亮清潔	注意鏡框上方灰塵

區域	項目	重點	處理
化粧桌及傢俱	化粧燈立燈	開關正常、燈泡瓦數正確 燈罩乾淨無裂痕 燈泡是否有灰塵及正常 接縫處是否放在後部	
	化粧椅	穩固無鬆動、百面乾淨，椅背無凸釘	
	垃圾桶	內外清洗乾淨無垃圾	
	電線	桌下電線、電話線收放整齊	避免凌亂
	沙發椅	椅面乾淨要百框、扶手穩固	
	煙灰缸	乾淨、無缺口	
	茶几	乾淨、保持上蠟	
臥室	磅秤	指針歸零、表面乾淨	
	空調	溫度設置是否適中 房間無異味 空調開關是否正常 風速高、中、低是否工作	異常報修
	出風口	風口是否發出聲響或有塵土	定期保養
	迴風網	定期清理灰塵	定期保養
	牆壁	注意裂痕、汙跡、起泡 牆紙、牆邊護板是否有塵土或破裂、掉漆現象 燈座及空調開關是否有手印和汙漬	
	壁紙	注意裂縫、翹角	翹角立黏合
	踢腳板	擦拭乾淨	
	窗戶	玻璃窗是否光亮清潔、無破裂	安排清潔員擦拭
	窗檻板	擦拭乾淨	
	窗簾	厚薄二簾是否清潔與懸掛美觀、沾汙送洗	關樓保養
	窗簾掛鉤	釣掛平均、兩端固定	
	地毯	吸塵乾淨、有無頑劣汙漬、是否有破損 地毯邊是否有土	汙點立即處理
浴室	門板	門鎖正常、木質清潔無刮痕、門鎖轉動是否靈活 開門時是否有響聲 門的表面有否損壞和彎曲現象	

區域	項目	重點	處理
浴室		門框是否有塵土 雙重鎖是否操作正常	
	掛衣鉤	掛衣鉤穩固	
	門檔	正常無變型	
	燈罩	壓克力燈罩保持乾淨	
	鏡子	浴鏡乾淨無水痕，放大鏡乾淨牢固	
	吹風機	功能正常、電線無破損	
	面紙	盒蓋穩固，數量足夠、摺妥三角 若剩三分之一時予以更換	
	洗臉檯	洗臉盆、水龍頭乾淨、檯面無毛髮 是否光亮無塵 是否被磨花或腐蝕 所有水龍頭是否光亮潔淨 瓷盆內壁有否有水漬或肥皂漬 排水系統是否正常 盆內排水塞是否藏有毛髮	
	水杯	清洗、消毒乾淨	
	備品	補充齊全、擺放整齊 水晶備品盤是否光亮 水晶備品盤是否有水漬 浴帽、肥皂、洗髮精、刮鬍刀、等是否齊全及擺飾整齊 礦泉水是否換新	
	衛生紙	數量足夠、摺妥三角，另有備用，若剩三分之一時予以更換	
	毛巾架	毛巾架穩固、毛巾吊掛整齊	
	毛巾	大、中、小毛巾和腳布，確定沒有破損或鬚邊	
	電話	線路正常、擦拭乾淨	
	馬桶	內外清洗乾淨、無臭味、無漏水	
	垃圾桶	清洗乾淨、藤籃未發霉	
	磁磚	清洗乾淨、磁磚縫潔白，裂紋報修	安排保養

區域	項目	重點	處理
浴室	浴缸	清洗乾淨、無皂垢、無毛髮 所有水龍頭是否光亮潔淨 浴缸內壁有否有水漬或肥皂漬 冷熱水是否操作正常 排水系統是否正常 浴缸內排水塞是否藏有毛髮	
	浴缸扶手	清潔，穩固	
	浴簾	檢查浴簾是否有髒污與水珠 浴簾是否有折放整齊 浴簾掛勾是否掉落	換流換洗
	浴簾桿	無灰塵	
	地板	清洗乾淨、無毛髮 是否平坦完美無缺 排水口是否清潔無異味 是否有塵土及毛髮留下	
	天花板	乾淨、無發霉 是否有風 是否有塵土	
	氣味	是否清新	
	抽風機	乾淨、無雜音	
	擦鞋布	注意用過更換	

資料來源：參考行政院農委會（2005），《農漁會會館經營管理》。

此外，特別要注意事項如下：

1.客房檢查發現故障應立即報修，修理後一定要加以檢查，直到恢復正常該客房方得再出售。．
2.房間若有異味，應使用清香劑或臭氧機予以除臭。
3.房間若太潮濕，應擺放除濕機去潮。
4.消毒的時間，客房部可以在白天進行，常見的害蟲有蟑螂、蚊子、蒼蠅、老鼠，蝨子、螞蟻、蛀蟲等。
5.旅館的清潔與衛生是相當重要的一環，為了保障客人與員工的健康安全，旅館的所有環境，都要做好防疫與消毒工作。

二、客房狀況的瞭解

樓層領班或值班人員對該樓層的房間狀況應隨時掌握，除了雙方要定時互相核對房間狀況外，所有發生的變化（如續住房→退房，已退的房間→報賣空房，空房→客人遷入或因故停賣）均應瞭解。

(一)空房之瞭解

每天早上要進入查看空房，確定房間未被使用，且為可用之狀態（Available）。空房可能已有房客住進而櫃檯未將住房資料輸入，或者房客辦理完遷入手續（Check In）後突然換房而未收到通知，導致房間已被使用過，甚至因裝備損壞而要暫時停賣，為了避免此種情況發生，領班每天早上要例行查看前晚的空房。

(二)續住房之瞭解

領班每天早上亦要對續住房進入查看，有時雖無機會進入，但仍要由值班人員或房間整理人員去瞭解：

1.住房人數：於房間報表上（Room Report）已註明。
2.客人是否未歸：註明外宿（Sleep Out），以便追查。
3.客人行李的多寡，行動是否異常。
4.房內是否有危險物品。

(三)已退房間的瞭解

客人若已退房，值班人員會立即進入查看，但領班仍應進入瞭解已退房之狀況：

1.房內裝備是否有損壞。
2.房內備品是否有被客人帶走（Walk Out），例如，毛巾類或開瓶器

等飯店財產。

3.客人是否有遺留物。

4.值班人員是否按規定作業。

(四)故障房間的瞭解

房間停賣會造成營收損失，因此對房間停賣的原因要進行追蹤，以期房間能儘速報賣：

1.故障停賣是否已恢復。

2.整修停賣工程是否已有進行。

3.鑰匙遺失（Key Lost）要追蹤處理。

4.針對貴賓的鎖房（VIP Block）要保持良好狀況。

三、房間報表作業

樓層每日要做三次（10：00、16：00、21：30）房間報表（一聯二式）送交房務部辦公室。由辦事員與電腦核對房間狀況確認無誤後再轉送櫃檯簽收，取回一聯備查。若房間狀況與電腦有出入時，應報告上級主管再作追蹤，以免造成重複遷入（Double C/I）或空房未賣出。

(一)10：00的房間報表

1.外宿（Sleep Out）：若客人外宿未歸，註明S/O，並由房務部通知大廳副理，以便追查客人的情形。

2.反鎖（Double Lock）：客人房間反鎖，於10：00前無法進入查看，對房內情況不明，則在D/L欄打勾。

3.續住（Occupied）：續住房若已進入查看，且確定住宿人數時，則於該欄註明人數；若客人掛請勿打擾牌無法進入則打勾，並於備註

專欄　什麼情況需將客房改成故障房（O.O.O.）

一、電氣類不能使用時

冷氣、音響、電視、冰箱、吹風機、浴室抽風機或電氣系統跳電，而工程部無法即時修復時，辦公室值班者需將電腦上的房號修改為O.O.O.，並馬上通知櫃檯且報告房間的狀況，交代簿上及辦公室白板上需加以註明清楚並向部門主管報告。須注意若為燈泡故障時，因屬簡單的修理可即時修復，故不列入修改電腦O.O.O.狀況之內。

二、固定資產有破損狀況時

床鋪、床腳斷裂、傢具破損、馬桶、水龍頭、洗臉盆破損漏水、鋁門玻璃破裂等情況無法即時修復時，需將電腦上的房號修改為O.O.O.，並馬上通知櫃檯報告房間狀況，交代簿上及辦公室白板上需加以註明清楚並向部門主管報告。須注意燈座、椅子如有備用則可替換，亦不需列入O.O.O.狀況之內。

三、污穢嚴重無法及時恢復時

地毯污漬嚴重、床鋪尿濕或床鋪染上污漬無法即時清潔完成，立即向辦公室報告，並將電腦修改為O.O.O.狀態；且須注意若床鋪經過水洗處理後，需搬至陽台曝曬或風乾。

四、發生特殊意外狀況時

火災、房間漏水、地毯積水、住客自殺、病故時，電腦立即修改O.O.O.狀態，並立即向部門主管或安全室及櫃檯報告；且須注意若遇房客自殺或病故時，現場東西不可擅自移動。

欄上註明DND，以示區別。

4.退房（Check Out）：客人已結帳離開，房間尚未整理完成，則勾C/O欄。

5.空房（Vacant）：可賣的空房，則勾在VAC欄。

6.故障房（Out of Order）：房間故障整修或保留停賣者。

7.備註欄（Remark）：房間有特殊狀況註明用。停賣原因、無行李（No Baggage）、行李少（Light Baggage）、加床（Extra Bed）、請勿打擾（Do Not Disturb）或館內使用（House Use）等。

(二)15：30的房間報表

做報表之前要再查房間，空房是否已遷入或已退的房間是否已整理完成以供報賣。

1.續住：有人續住的房間勾在OCC。

2.退房：尚未整理完或待修的房間。

3.空房：已報賣的空房，勾在VAC。

4.故障房：整修、停賣的房間勾在O.O.O.。

5.備註欄：註明停賣原因、加床、館內使用；另外，「請勿打擾」而未整理的房間，註明DND並打勾，表示已塞入通知單（Notice）（如**表6-2**）。

(三)21：30的房間報表

由晚班值班服務員填報表，房間狀況尤須注意。續住房雖無法逐一進入查看，但房務員夜床報表（Turn Down Allocation Sheet）是一重要依據。報表錯誤會影響櫃檯賣房錯誤，造成客人重複遷入（Double C/I）或客滿期間有空房未賣，影響收入。因此當發現：(1)電腦上顯示續住房（OCC）但房間卻空著；(2)電腦上顯示空房（VAN）而房間卻有人住，

表6-2　通知單

敏蒂天堂飯店
Mindy Paradise Hotel

通知單
Because of your desire for privacy,
we have not serviced your room today.
If you wish to receive housekeeping
service, please call extension 7.

THANK YOU
Your Housekeeper

資料來源：作者自製。

均須報告主管追查。

　　另於免費贈送水果欄（Fruit Brace），將有送水果的房間打勾，而當天才送的註明「T」（Today）。

四、故障物報修的介紹

　　客房設備檢查時，若發現設備故障，必須立即報修，而報修後必須再追蹤情況以及記錄，以免造成客人不便或產生抱怨，更甚者將造成客人之傷害，其報修之標準作業程序，茲說明如下：

(一)填寫維修單

　　如**表6-3**，填寫維修單時必須填寫的內容，茲說明如下：

1.註明故障的房號或樓別，以方便工程人員前往維修。

2.註明故障狀況，且必須明確詳細，以方便工程人員準備工具及器材，而避免到達現場又再次回去拿正確工具及器材，將浪費時間及

表6-3　維修單

```
                敏蒂天堂飯店
              Mindy Paradise Hotel

              MAINTENANCE REQUEST
                   維  修  單


  DATE            TIME              BY
  日期 _____  時間 _____  申請人 _____

  DEPT.           LOCATION          TEL
  部門 _____  檢修地點 _____  聯絡電話 _____

  STATUS DESCRIPTION
  狀況說明 _____

  _____

  ASSIGNED TO                       TIME SPENT
  施工人員                          所費工時
  □ OPERATIONS 設備操作  □ ELECTRICAL  電器類   □ LAUNDRY 洗衣房
  □ MASONS 泥作          □ TELEPHONE  電話     □ PAINTERS 油漆
  □ PLUMBING 水管類      □ CARPET 地毯         □ KITCHEN 廚房
  □ OTHERS 其他 _____

  ENGINEERING NO. 工程部編號 _____
```

資料來源：作者自製。

　　效率。

　　3.填寫報修日期，以方便歸檔及日後追蹤。

　　4.填寫報修人員的單位、姓名，以方便驗修及查詢。

(二)維修單送至工程部

　　客房設備故障時，應先填寫維修單，再送至工程部。若狀況緊急而沒有時間填寫維修單或送維修單至工程部時，可先用電話作報修，但事後仍需補維修單。工程部接獲維修單後，必須將收到的時間及收單人員

姓名，填寫在專用登記簿上，並將第二聯還至報修人。工程部將依報修之類別登記入檔，並分派相關之工程人員進行維修。

(三)維修的配合

客房設備故障向工程部報修後，工程部派相關人員作維修時，房務人員應予以配合，而修復完成後，需再次地確認。

1.開啟房門並掛「工程維護牌」，以方便於辨識工程維修中。
2.維修完成後做檢查確認。
3.維修完成後，房務人員應在工程維修單「檢修完成簽收」欄上簽名。
4.維修完成或許會將現場弄髒或弄亂，因此房務人員需再將現場清理乾淨。

房務小百科　　**房間設備保養項目一覽表**

各旅館的計畫與時程雖不盡相同，但基本上都有每月、每季及每年的週期計畫，唯有客房維護計畫的落實，才可進一步保障了客房服務的品質，下表為房間設備保養項目說。

房間設備保養項目說明表

日期	保養項目
日常保養	1.所有傢俱之擦拭
	2.所面及窗戶保持光亮
	3.所有衣櫃、電視櫃及電器（話）用品擦拭及保養
	4.所有壁畫、古董、花瓶擦拭
	5.所有照明設備全部擦拭並保持堪用
	6.地毯吸塵及一般除污

日期	保養項目
每週	1.所有銅質部分擦拭光亮
	2.所有桌椅、沙發縫隙之清理
	3.盆景之保養與修剪
每月	1.電視櫃大保養（包含下列設備）：
	(1)電視櫃
	(2)電視機
	(3)電冰箱
	(4)熱水瓶
	2.浴室大保養（包含下列設備）：
	(1)牆面磁磚及地磚
	(2)洗臉檯
	(3)浴缸及馬桶
	(4)所有金屬
	3.所有衣櫃及浴室百葉片
	4.所有門面（框）及內外踢腳板
	5.所有空調出風口及迴風口
	6.天花板四週線板及牆面
	7.消防感應器及灑水頭
三個月	床舖翻面
其他	1.清洗地毯
	2.拆洗窗簾、紗簾
	3.送洗床罩、床裙
註記	若有未盡事宜，另表補充。

資料來源：行政院農委會（2005），《農漁會會館經營管理》。

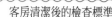
 ## 第二節　臥室設備的檢查

　　一般客房的臥室內主要包含床、枕頭、燈具等等的傢具設備，套房則有兩台電視、兩個衣櫥或書房等，而高級的房間其設備更為豪華。所以在檢查臥室內所有的設備時，應注意是否光潔或刮傷脫漆。就一般臥室的檢查標準，茲說明如下：

一、床的檢查

　　1.床是否鋪疊完美，保持平滑。
　　2.床罩是否清潔衛生而無破損。

二、枕頭的檢查

　　1.座墊布料有否破損。
　　2.座墊下是否藏有紙屑及灰塵。
　　3.枕頭是否太扁或太膨。

三、燈具的檢查

　　1.每次整理或檢查房間時必須將開關全打開，以確定所有的燈具正常。
　　2.燈罩是否清潔，而且必須把燈罩的接縫處放置於後面。
　　3.檢查燈泡是否有灰塵。而且各樓層必須自備各種瓦數之燈泡，若發現燈泡不亮，可能是插頭脫落的問題，則可自行先更換燈泡，這不但可增加效率，並可節省報修之手續，但假如更換後仍未正常時，

旅館世界觀　帳篷旅館

帳篷與天地牧場（TipiTrek & Skyland Ranch）

　　如果您想置身美麗的原野、體驗美國原住民三百年前的生活方式，花一、二個晚上住宿於「帳篷與天地牧場」，或參加特別的四天三夜行程，甚或自行決定停留時間，無論您的選擇為何，保證都能有段難忘的旅遊經驗。

　　「帳篷與天地牧場」結合印地安人集體遷居所住的圓錐形帳篷及露天空曠的農場，可提供遊客回到過往生活的旅遊方式，住在荒野中、吃天然的食物、學習傳統的本土技能與娛樂方式，您將能親身體驗與地球緊密依附的生活方式，而非只是住在地球上的過客。

　　距離美國西雅圖（Seattle）約五十英里處，「帳篷」讓您回到三百年前印地安人拓荒時代，睡在帳篷，裡的日子。您所休憩之處是直徑四至八公尺、繪有傳統圖騰的圓錐形帳篷，其內有一張飽滿舒適的床墊，當然如果您有需要也提供可生火的木柴。每天晚上都有穿戴印地安原住民服飾及面具的表演者，演出民俗風味濃厚的舞蹈與戲劇。

　　「天地牧場」是由大衛與克麗絲丁皮特金夫婦（David and Christine Pitkin）設立的馬場，提供遊客有如寧靜村莊的休憩環境。此地的馬兒及工作人員在您造訪期間，會盡力提供最佳的服務，因此遊客將能在寬廣的土地上，體驗美國原住民的馬場文化。

　　在旅程安排方面，抵達後遊客可先將行李安置於房間，您還有些時間可與工作人員會面，看看這裡的牲畜，或許還可以騎騎馬適應馬鞍上的生活，講解人員隨侍在側，以備如有人想瞭解更多關於動物的知識，或學習如何與牠們溝通，最後在營火旁晚餐以及說故事將為這一天畫下句點。

　　第二天您可從河流之旅開始，依天氣狀況及河流的水勢，安排一趟清流之旅或欣賞優美景致。

資料來源：太陽王國網路事業股份有限公司。

即有可能線路出了問題，此時，則應報請工程人員檢修。

四、電視的檢查

1.先使用電視遙控器按電源鍵（Power），以確定電源正常，有時可能是電源插頭脫落或遙控器電池太弱，當無法正常開啟時，可先檢查電源或更換電池。
2.查看影像、聲音是否正確。
3.付費電視（Pay TV）、電視網路（Internet on TV），通常會有一個接收控制盒，這些功能也要檢查，以確認功能正常。

五、電話的檢查

1.首先拿起話筒查看是否正常，假如無訊號時，則應檢查線路是否脫落，或與總機測試或更換話機測試，以瞭解故障原因，再向工程部報修。
2.續住房間必須注意留言燈是否操作正常；退房的房間，若有電話留言，應將留言燈作取消。
3.電話及電話線要定期用酒精清潔，以保持衛生。

六、書桌的檢查

1.書桌旁的垃圾桶內是否有垃圾以及是否有髒污。
2.文具夾等用品是否齊全。
3.煙灰缸是否乾淨。

七、空氣調節的檢查

1.進入房間感受其空調是否舒適，若感覺到悶熱或冰冷，則應查看調溫器之設定是否適中，若溫度太高或太低時，應予以調整適中，但若是客人特別的設定，則勿予變更。

2.若溫度設定正常，房間空調仍不舒適，則應檢查開關是否在關（Off）的狀態中，並檢查馬達轉速設定，強「H」（High）、中「M」（Middle）、弱「L」（Low）是否正常，若有問題時，則應報工程部檢修。

3.風口是否發出聲音及藏有灰塵。

八、迷你吧的檢查

1.檢查冰箱溫度設定是否處於「中」的狀態，以避免溫度太低或冰箱飲料因溫度過冷結凍。

2.檢查電源插頭是否脫落。

3.各種冰箱飲料或酒類等食品是否齊全，並且需注意其品牌是否為飯店所用品牌。

4.檢查所有迷你吧的東西是否有被使用過。例如，顏色透明的酒類有時會被打開喝掉，並加入水，所以檢查時必須注意開口是否有被開過的痕跡等等，以減少飯店的損失。

5.冰箱內是否保持清潔衛生。

6.水杯、酒杯等不可有指印。

九、衣櫥的檢查

1.衣櫥內是否有足夠的洗衣袋、洗衣單和衣架，且必須注意衣架及掛

　　衣架之橫桿是否有積塵。

2.衣櫥內自動開閉電燈是否操作正常。

3.已退房的房間若保險箱鎖住時，必須報告領班處理並請領班將它打開。

4.衣櫥內若有放置手電筒，必須查看是否正常，而且需將開關固定在開（On）的狀態中。

十、窗簾的檢查

1.厚、薄兩簾是否乾淨及懸掛美麗。

2.窗戶的玻璃是否光亮以及無裂痕。

3.窗鎖是否關閉安全。

4.窗簾鉤是否鬆脫或窗簾繩是否操作正常。

十一、牆壁的檢查

1.壁紙和牆邊若有灰塵或油漬，房務員必須將它處理掉。

2.牆壁的畫懸掛是否正常或有積塵。

3.牆壁上的燈座是否有手指印或污漬。

4.房內牆壁若有裂痕、破損，都必須報工程部檢修。

十二、地毯的檢查

1.是否有破損。

2.地毯邊是否有積塵。

3.清潔的程度是否有達到標準，尤其是床腳、床頭櫃等地方較易積塵。

4.地毯若太髒或有污漬，例如咖啡漬或茶漬時，應報告領班，請派人員洗地毯。

十三、天花板的檢查

1.天花板若有裂痕、破損、漏水或小水泡的現象等等，都必須報工程部檢修。
2.是否有積塵或蜘蛛網。

十四、房門的檢查

1.開門時是否有聲響、房門是否可以自動關閉以及停在定開的狀況。
2.門框是否乾淨無灰塵。
3.房門雙重鎖操作是否正常，以及門鎖轉動是否靈活。
4.留意防盜眼、防盜鐘是否安全牢固。
5.房門後是否有火警逃生設備。

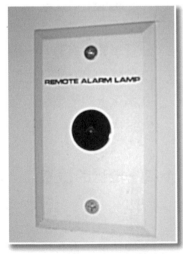

防盜鐘（圖為台北亞太會館）

房務小百科　客房物品清潔保養處理方法

物品名稱	清潔保養處理方法
臥室	
電視	電視螢幕不要用酒精等有機溶劑擦拭，以免損壞。而電視機身都會有大量的靜電，所以千萬勿用濕布清潔，應利用除塵清潔噴劑及乾布清潔。
藤竹傢具	平時若疏於保養的話，往往會累積一厚層厚厚的灰塵在接縫處，使傢具看起來變得十分老舊，所以平時一定要經常使用細刷把縫裡的灰塵清除，並且定期的塗上傢具專用軟蠟，增加其本身的潤色與光澤。而且由於很容易長蛀蟲，如果發現小孔四周有粉狀掉落，應該早噴上殺蟲劑。
玻璃窗	擦拭透明的玻璃窗時，以報紙沾水擰乾後再擦拭即可清除髒污，然後再用乾報紙擦拭一次。
玻璃碎片	若在和室房或浴室將玻璃杯打破時，有兩種處理方法： 1.首先應戴上橡皮手套將較大的碎片取下，再用吸塵器吸取，最後用報紙將碎片包起來，放於垃圾袋並在上面註明玻璃碎片。 2.因碎片可能會嵌入榻榻米或地板的細縫中，用掃的或擦的清理方式都很危險。此時亦可用膠帶，使細的玻璃碎片黏著於膠帶上，便能乾淨地取走碎片。
窗戶框	窗戶溝聚集了灰塵、泥土，可以利用小型的掃把或吸塵器細管來清除。 1.木框：須將木框擦乾並且上蠟，擦乾是避免水氣殘留在木頭裡，導致腐敗現象。至於乾擦沒有辦法處理的污痕，以洗潔劑擦拭，並用清水洗除。 2.鋁或鐵製的框：可以利用萬能清潔布來清潔，但是要小心別讓布接觸到玻璃，因為化學殘留物會傷害玻璃。
門	平時只要以毛刷或吸塵器的吸管刷來吸除灰塵，並且經常地乾擦。至於不易清除的污垢，可利用一般的洗潔劑來擦除。 1.白木、塗過青漆的門，最好不要常用洗潔劑來擦洗，這樣對門是一種很大的損傷，所以最簡單的處理方式就是乾擦後再上蠟。 2.金屬門可以打上汽車軟蠟來保持其光亮潔淨，尤其金屬的門把可以利用布沾上金屬清潔劑或牙膏來擦拭。
牆壁	如果牆壁有手垢時，可利用橡皮擦來處理，特別是貼上布或壁紙的牆壁，可以用輕輕拍拭的方式清除灰塵。白木牆儘量避免用水或洗潔劑擦拭，可以用布沾稀釋的洗潔劑再乾擦，並且為它上一層保護蠟。

物品名稱	清潔保養處理方法
天花板	平時的保養可用舊毛巾或絲襪包住掃把來清理灰塵，尤其角落更要仔細處理。有凹凸孔防噪音的天花板可以使用吸塵器的吸管刷吸除，遇到蜘蛛網時利用梯子和濕布把黏在牆壁上的蜘蛛網擦除掉。而若發現天花板有黑點出現，尤其在燈具四周，這可能是蒼蠅的糞便，可利用鋼絲絨球或砂紙來清除。此外，如果天花板漏水，則要小心漏水所產生的污斑，可試著用稀釋的漂白劑去除看看。
浴室	
水龍頭	要磨亮水龍頭，可以用白醋來擦拭，可使之光潔無比。
磁磚	如果是以白水泥填縫，經過長久時間後，產生泛黃是必然的事。在浴室的洗臉盆、浴缸與磁磚的接縫通常用防水膠填充，而這種矽利康屬於酸性物質，日久自然會發黃甚至長青苔。除非是本身磁磚的吸水率過高導致永久性變色，否則磁磚本身是沒問題的。
磁磚霉斑	浴室磁磚最易長霉斑，將消毒酒精噴在磚縫上，待霉積浮出，再用舊牙擦刷除，乾後利用白臘燭在磚縫上塗抹數次，如此可隔離水氣，有防霉防垢作用。
排水口	排水口不通暢，可倒進濃濃的鹽水，稍等二十分鐘後，再用熱水沖下，便立時通暢。

資料來源：作者整理。

第三節　浴室設備的檢查

　　一般客房的浴室設備包含鏡子、洗臉盆、浴缸、馬桶等，而套房則有浴缸也有淋浴間，而高級的房間則有更豪華的設備。就一般客房浴室的檢查標準，茲說明如下：

一、鏡子的檢查

1.是否有積塵及污漬。
2.是否有破裂的現象。

二、洗臉盆及浴缸的檢查

1.將洗臉盆及浴缸冷、熱水龍頭打開，分別一一測試，才能知道水量大小的操作情況。
2.需注意洗臉盆及浴缸內的水塞拉桿是否順暢、水塞高度是否恰當，並且注意是否有積毛髮。
3.洗臉盆旁的飲水管應按壓測試，出水量是否適中，而且應每天放水，以保持飲水潔淨。
4.所有銅器，如水龍頭，是否保持清潔。
5.洗臉盆及浴缸內壁是否有水珠或污漬。
6.皂碟是否有碎肥皂或皂漬。
7.浴墊必須保持乾燥，不可有毛髮殘留。
8.曬衣繩是否無損壞，並且沒有髒污。
9.浴簾是否有異味或發霉，若有，則必須送洗換新。
10.浴簾桿要保持無灰塵。

三、淋浴間的檢查

1.浴缸的冷、熱水龍頭及淋浴蓮蓬頭，皆要測試水量是否正常。
2.注意水壓是否穩定，否則客人洗澡時忽冷忽熱，會造成客人抱怨。
3.淋浴間的牆壁、玻璃門不可有水漬及皂漬，並且必須保持乾燥。

四、馬桶的檢查

1.檢查沖水是否正常，以避免異物阻塞而無法使用。

2.檢查馬桶蓋板、座板是否故障或脫落。

3.馬桶蓋內外側是否殘留污漬，例如尿跡或清潔劑。

4.馬桶的四周是否殘留毛髮。

5.馬桶按鈕是否太緊或太鬆，操作是否正常。

五、浴室備品的檢查

1.垃圾桶內是否有垃圾以及是否有髒污。

2.煙灰缸是否乾淨。

3.吹風機是否可以正常運作。

4.毛巾類與消耗品（例如，沐浴乳、洗髮精等等）是否有補足。

六、排水的檢查

1.檢查洗臉盆、浴缸、馬桶、地板等排水速度是否正常，以避免客人用水過多而造成淹水事件。

2.通常用水、排水檢查需靠清理人員來測試，當整理完成，領班檢測客房的機率較低，所以一發現有問題時，應立即告知領班報修。

七、天花板的檢查

1.是否有積塵或蜘蛛網。

2.風口是否清潔。

3.天花板若有裂痕、破損、漏水或小水泡的現象等等，都必須報工程部檢修。

專 欄　使用對講機

一、步驟

1. 打開電源。
2. 確認頻道。
3. 接獲訊號。
4. 接通話鍵。
5. 複誦內容。
6. 通訊完畢。
7. 互道謝謝。

二、標準

1. 將對講機電源打開，音量開至適中位置。
2. 依值班樓別確認對講機之頻道。
3. 接獲訊號詳細聽對方呼叫的樓層。
4. 應立即回答對方「收到」、「請講」。
5. 應將通訊內容複誦一次，並隨手記錄下來。
6. 通知事項完成後應說「謝謝」。
7. 應回答對方「謝謝」以為結束。

三、注意事項

1. 對講機為公務通訊用，不可用在聊天或開玩笑上。
2. 呼叫一方要在呼叫後隔五秒，如未接到回話再行呼叫。
3. 呼叫後應將通話鍵放開，方能接聽對方回話。
4. 音量要適中，避免太小聲或太大聲。

 第四節　個案探討與問題分析

一、房務個案

(一)粗心大意（上）

　　田中央：916號房客人

　　遠處海上傳來一陣響亮的汽笛聲，漁船隨著昏黃的落日漸漸地返回港灣，三兩隻海鷗在天際飛翔著，坐在陽台外的田中央一邊敲打著文件，一面享受著耳畔伴隨著這片黃昏之美的樂聲悠揚……。

　　已是夜晚了，田中央伸了個懶腰，走向房內準備著今天唯一的晚餐——蔥爆牛肉泡麵，他一邊唱著日語版的「榕樹下」，一邊將泡麵一一打點著，並且將油包丟到一旁，這是他吃泡麵時的習慣。按壓熱水後，他等待了一下子，想到還可以泡杯溫桔茶來喝，正當他按下溫水壺的溫水按鈕時，突然發現杯子中竟浮上了一層油，「不會吧！」他嘴中輕逸出，心裡想著——沒那麼離譜吧！於是他將溫水瓶的蓋子打了開來仔細地觀看，瞬間田中央的臉色漸漸地暗沉了下來，拿起話筒決定請飯店處理。

　　（房務部辦公室）

　　「鈴鈴……」房務辦公室裡劃過長長的電話聲響，還來不及接起，「哈啾！」房務部經理打了個噴嚏，心想奇怪，怎麼沒事打噴嚏啊！

　　「Good evening, housekeeping.」

　　「經理您好，有位916號房的田中央先生找您，聽他的口氣不是很好，要幫他轉接他也不肯，直嚷著請您過去便曉得了。」總機小姐接過田中先生的電話後，隨即請房務部經理處理。

　　「好，我知道了，我馬上過去，謝謝妳。」房務部經理掛上話筒後便動身至916號房。

　　（來到916號房後，田中先生便請房務部經理進入房內。）

　　「經理，妳看一下這是什麼？」田中先生將一旁的溫水壺及水杯上的油漬讓經理看一下，說道：「經理，妳們飯店的溫水壺都這麼髒嗎？妳說說看這是怎麼一回事，我現在要吃晚餐了，看到這溫水壺那麼髒，我還敢相信妳們的清潔衛生嗎？妳們的飲水機到底乾不乾淨，我這泡麵還吃不吃得了？」

　　「田中先生，非常的抱歉，溫水瓶裡的油漬是我們的疏失，請您原諒，這飲水機裡的水您可以安心使用，真的非常抱歉讓您這麼生氣，您的泡麵我想也都涼了，不如晚餐由本飯店來負責為您料理，好嗎？」房務部經理見到一旁的泡麵早已涼了，為了安撫客人的情緒，因此便建議免費招待晚餐，才解決了這次的抱怨事件。

　　房務部經理回到辦公室後，立刻請值夜班的房務員趁著客人用餐的期間，趕緊處理溫水瓶裡的油漬與異味。

(二)粗心大意（下）

　　田中央：916號房客人

　　Toast（阿凸）：二十一歲，實習房務員

　　Echo：三十三歲，房務員，在職二年

　　今天已輪到Toast（阿凸）與Echo清潔九樓了。

　　「阿凸，昨天唱歌唱到多晚啊！妳看妳的黑眼圈都跑出來嘍！」Echo與Toast一邊補齊備品車裡的備品一邊說著。

　　「我今天早上才回去睡三個小時而已，就來上班了，Echo姐，昨天很好玩耶！妳沒去太可惜了。」Toast說完後，吐了個舌頭說道：「今天差

點就遲到了呢！」

就在兩人的你一言我一語下開始這一天的清潔工作了。

（916號房田中先生已經離開客房）

Toast進到房間後，便開始打掃了，Toast一邊整理田中先生凌亂的書本、紙張及手提電腦，一邊擦拭著桌面，一整天的工作下來Toast早已哈欠連連，由於昨日的狂歡，今天的工作效率不如往常來得好，更是時常出錯。

正在整理桌面上的文件與電腦時，「哈啾！」Toast打了個噴嚏，一不小心將一旁的咖啡打翻，更糟的是還波及一旁的手提電腦，Toast緊張地馬上將鍵盤上的咖啡倒出，並仔細的拭淨後，恢復原來放置的模樣，客房整理完後，她十分不安地繼續打掃著其他客房，「要不要和主任說，可是……，怎麼辦？」心底直犯著嘀咕，不安情緒如浪潮在心底翻騰著。

不久，另一方面，916號房的田中先生回了客房開啟電腦時，發現電腦無法開機，回想著：「出門前電腦還好好的，一定是……」，這時田中極憤怒地斥責了房務經理一頓，並且要求飯店賠償這項損失，而房務部也開始尋找整理田中先生客房的房務員——阿凸。

（同時地）

在當Toast心底直犯嘀咕時——

「鈴鈴……」

「Good evening, I am Toast. 是的，916是我整理的，好，我知道了。」這通電話透露著事情已敗露了，經理將Toast請到房務部辦公室裡談了一會兒後，結果由Toast賠了一個月薪水，其餘由飯店賠償，而這一台電腦是剛上市的價值九萬元台幣的多功能筆記型電腦。

(三)難忘的垃圾山之旅

> Joyce：房務員，四十歲，在職一年
> Alice：櫃檯員，二十三歲，在職五個月
> 謝學光：1218號房的房客，珠寶收集商
> 李繼軍：1217號房，為謝學光的朋友

Joyce一早眼皮就不斷跳著，心裡總是覺得好像又要發生什麼事情了。她不安地推著車，一間間地清潔客房，直到──

「叩叩叩……」即使早知道1218號房的謝學光先生已經退房了，敲門的動作依舊……進了房間後，職業性地便立刻找垃圾桶，見到垃圾桶上厚厚的牛皮紙袋，「這袋資料是要丟掉的嗎？」Joyce心底冒出這句疑問，但仍然一一將所有的垃圾清出，而留下這袋文件在一旁的備品車上，直到整理完1218號房後，Joyce突然發現1217號房的李先生已經掛出請整房的牌子了，突然她腦筋一轉，想到李先生與1218號房的謝先生是朋友，因此在整房的同時，便拜託李先生將文件袋代為轉交給謝學光先生。

（隔天）

1217號房的李先生今天也退房了，Joyce昨天託他的牛皮紙袋文件依舊放在1217號房裡，因此Joyce心想可能不是什麼重要文件吧！於是就扔入了垃圾袋中，繼續其他待整的客房了。

傍晚時分，櫃檯來了一位急急忙忙的客人。

「謝先生，您好！」櫃檯員Alice見到迎面而來的謝學光，便立刻打了聲招呼。

「小姐，前天我住在1218號房，忘了帶走一個牛皮紙袋，這包文件非常重要，麻煩幫我找一下。」謝學光的神情既慌張又期待。

「謝先生您稍等一下，我馬上為您詢問。」Alice立即打了通電話至房

務辦公室詢問。

　　房務部辦公室人員得知有客人回來找一袋以牛皮紙袋裝的文件後，經查詢，才知道整理該客房的是Joyce，經詢問她後，情況當然不樂觀，因為這袋文件早已於二個小時前隨著垃圾車一同載回了垃圾場，早已在垃圾山靜待「粉久」了……

　　聽到了這樣的結果時，櫃檯的Alice並未先告知謝先生，她小心翼翼地問道：「謝先生您請稍等，請問您這袋資料的內容是哪一類型呢？」

　　「這袋資料裡裝著一張好幾十萬的珠寶交易收據，這個月我就靠這張收據了……」謝先生一面說著，焦慮的神情依舊。

　　Alice臉上已經冒出一顆顆的冷汗了……這樣的精神壓力，總是讓她有股說不出的無奈！於是又打了通電話到房務部門。

　　「經理您好，1218號房的謝先生遺失的是一份價值數十萬的珠寶交易收據，客人急著找回這份收據。」

　　「Alice，妳請客人接聽電話。」房務部經理聽到後馬上請櫃檯轉接客人。

　　「謝先生，真的非常抱歉，目前已經派人積極尋找，剛好今天垃圾車收走不久，真的非常抱歉，是否可以請您和清潔客房的房務員一同到垃圾山確認資料呢？」

　　「什麼！我這個月就全靠它了，你們居然把它丟了，那還找得回來嗎?!垃圾山那麼大，我不管，反正這件事情看飯店怎麼給我一個交代，哪有一間飯店像你們一樣，不管三七二十一就隨便地將客人的東西丟掉了，看妳怎麼交代……」謝學光憤怒地說著，情急下不斷把一肚子的怨氣拚命地發洩在櫃檯人員以及房務經理身上。

　　房務經理耐心地聽完謝先生的一陣砲轟後，便請秘書、Joyce及謝先生前往垃圾山找尋，直到火紅的太陽漸漸西沉……

　　最後終於在歡呼聲下結束這件艱鉅的任務了，而垃圾山不再是無言的

山丘,至少是該為飯店的有驚無險慶賀的時候了。

二、問題與討論

1. 在房務個案(一)中,假若您身為房務經理,客人不願以上述方式解決,請您提出其他的解決方式。

2. 請試述查房要領。

3. 請問房務個案(二)中,房務經理的處理方式是否完善?是否有其他的處理方式?

4. 請問房務員工作時應注意事項為何?

5. 請問房務個案(二)中房務員賠了一個月薪水合理嗎?理由為何?

6. 請問飯店如何處理客人遺失物品?

7. 假使您為房務個案(三)中的房務員Joyce,您應當如何處理較為妥當?

8. 請問房務員開門進入客房前的敲門程序為何?

9. 如何做好各樓層的垃圾處理?

Chapter 7

房務公共區域的維護作業

本章重點

公共區域的清潔管理
　　公共區域的清理範圍
　　公共區域的保養工作

養護消防設備
　　消防設備
　　消防箱養護步驟

化學藥品
　　萬能清潔劑、磁潔、漂白水、去油能
　　除鏽水、酒精、甲苯、三合一清潔劑
　　玻璃清潔劑、XO除臭劑、地毯清潔劑
　　地毯芳香劑、碧麗珠、傢具保養劑……

個案探討與問題分析

　　工作即創造，尤其在克服了工作困難之後，那種快樂，才能使一
個人的生命充滿趣味。

——王廣亞

　　公共區域清潔狀況代表一家旅館的管理水準，在這些區域流動的客
人，所見之處應為乾乾淨淨、氣氛優雅、無清潔死角。特別是洗手間的
衛生乾淨，更被視為旅館整體清潔管理的指標，假若它給人一種安全無
虞、高級享受的訊息，整個旅館評價將大為提高。因此，公共區域清潔
標準的制定與工作器具、各設施保養的計畫是對清潔品質的一大保證。
本章分四部分說明，首先介紹公共區域的清潔管理；其次介紹養護消防
設備；進而是介紹房務清潔常用的化學藥品；最後則為個案探討與問題
分析。

第一節　公共區域的清潔管理

　　公共區域的分布廣大，其工作項目分為兩部分，一為前場（營業
單位），二為後場（非營業單位），由公共清潔人員（公清）來負責清
掃，本節將為您介紹公清所須負責的清理範圍及例行的保養工作。

一、公共區域的清理範圍

　　公共區域的清理範圍很廣大，其結構也複雜多樣，性質也有所不
同，茲說明如下：

1.公共區域包括大廳、餐廳（不包括廚房）及商店街、客用洗手間、
　會客區、員工使用地區（包括男女更衣室、休息室、洗手間等）及
　飯店外圍、停車場與太平梯等。

2.白天公共場所客人出入頻繁，一般的清潔維持由飯店清潔組負責；夜間的清潔維護可由專業清潔公司外包。

3.客用洗手間需有專人負責，隨時巡視，保持地面、洗臉台的乾淨及備品之齊全，同時每天要徹底清洗及保養。

4.走廊應不斷巡視，撿拾煙頭、垃圾及保持地面清潔；同時注意大門玻璃及出入口清潔。

5.夜間每天清潔工作包括：擦拭大門玻璃、清理桌椅木器、保養電梯內外、擦亮銅器及不鏽鋼、地毯吸塵、地面清理。

6.夜間每週清潔工作包括：地板清潔打蠟、清洗太平梯、冷氣出風口清理、天花板擦拭、牆壁擦拭。

表7-1為公共區域清潔維護檢查表。

二、公共區域的保養工作

公共區域的保養工作很廣，且都必須做定期的保養，以保持乾淨無灰塵，以下介紹公清一般保養工作，茲說明如下：

(一)保養盆景

一般盆栽保養，指的是擦拭葉片上的落塵及去除發黃樹葉，保養時需輕柔細心，避免造成葉片破裂或掉落，而失去保養意義。擦拭時一手托住樹葉底部，另一手用濕抹布輕拭灰塵，以同一方向擦拭，避免遺漏。

(二)保養煙灰筒

通常煙灰筒上的垃圾會有煙灰、煙蒂及一般小垃圾等，持煙蒂濾網將煙蒂、小垃圾撈起，需特別注意煙蒂是否熄滅，避免殘餘火星在垃圾

表7-1　公共區域清潔維護檢查表

DATE ／ ／

項目＼樓別	檢查項目	狀況			處理結果
1F	1.落地玻璃 旋轉門玻璃 地墊	□正常		□異狀	
	2.大理石地板	□正常		□異狀	
	3.電梯口	□正常		□異狀	
LB	1.落地玻璃 旋轉門玻璃 欄杆	□正常		□異狀	
	2.大廳前斜坡道 方柱 地墊	□正常		□異狀	
	3.男女客廁 殘障廁所	□正常		□異狀	
	4.公共電話 台面 門扇	□正常		□異狀	
	5.窗台	□正常		□異狀	
	6.電梯口	□正常		□異狀	
	7.走道大理石 大理石圓桌 櫥窗	□正常		□異狀	
		8F	9F	10F	
8F-10F	1.男女客廁 殘障廁所	□正常　□異狀	□正常　□異狀	□正常　□異狀	
	2.公共電話 台面	□正常　□異狀	□正常　□異狀	□正常　□異狀	
	3.電梯口	□正常　□異狀	□正常　□異狀	□正常　□異狀	
	4.走道 大理石地板	□正常　□異狀	□正常　□異狀	□正常　□異狀	
	5.手扶梯 欄杆	□正常　□異狀	□正常　□異狀	□正常　□異狀	
22F	1.男女客廁	□正常		□異狀	
	2.公共電話 台面	□正常		□異狀	
	3.電梯口	□正常		□異狀	
		43F	44F	45F	
43F-45F	1.男女客廁	□正常　□異狀	□正常　□異狀	□正常　□異狀	
	2.公共電話 台面	□正常　□異狀	□正常　□異狀	□正常　□異狀	
	3.電梯口 地板	□正常　□異狀	□正常　□異狀	□正常　□異狀	
備註					

克林清潔公司：＿＿＿＿＿＿＿＿＿＿＿　　　敏蒂天堂飯店：＿＿＿＿＿＿＿＿＿＿＿

1.檢查時間：每日10:00AM　19:00PM

2.檢查有異狀者請儘速處理改善，以維護本公司清潔品質。

資料來源：作者自製。

袋內悶燒，發生危險，若煙灰筒上的煙灰過多時，可使用吸塵器將表面煙灰輕輕隔空吸起。持煙灰筒專用章蓋印飯店標誌（Logo）於煙灰筒專用砂表面。用一條廢布沾少許銅油擦拭煙灰筒，再用乾布將煙灰筒擦拭光亮。

(三)保養壁畫、壁燈燈罩及各式裝飾物

飯店內的裝飾物質地較為細緻高級，因此在保養時，需準備一乾一濕的抹布，擦拭時一手固定裝飾物，先用濕抹布擦拭灰塵後，再用乾抹布將水漬擦乾，保養後務必將水漬全部擦乾，避免殘留的水漬造成材質損壞，而使用濕抹布擦拭燈罩時，避免碰觸到燈管或燈泡，以免發生爆裂產生危險。擦拭工作完成後，應檢視壁畫或裝飾物是否懸掛牢固或擺放整齊。

(四)清理客房地毯

地毯除了美觀實用外，還有降低噪音的功能，但倘若疏於保養，卻有可能成為細菌溫床，造成呼吸系統的疾病，所以地毯除了每日清潔外，還須不定期保養以及定期消毒，以防止蟲蚊、跳蚤，使其延長使用壽命，以下介紹地毯之清理，茲說明如下：

1. 每天清潔：使用大吸塵器將地毯上層之灰塵吸淨，同時將地毯裡層之灰塵一併吸起；若沒有每天吸塵，黑灰積存太久會滲入地毯下層，將減低地毯之使用年限。
2. 污點清除：每天要注意地毯上之污點，一發現便要立刻清除，以免日久無法去除或產生腐爛、惡臭。地毯污點緊急清除方法整理如**表7-2**。
3. 每週清潔：牆角、傢具周圍及床底地毯等每天不易清潔之地方，須利用時間將傢具及床移開，將一週來積存之灰塵、棉絮清除乾淨。

表7-2　地毯污點緊急清除方法

污染種類	緊急清除方法
橙汁、咖啡、茶、酒、番茄醬、醬油	1.以溫水沾布榨乾吸取或以衛生紙吸取 2.用乾布吸乾 3.用地毯專用肥皂加溫水清洗 4.待乾後用毛刷輕輕地刷地毯表面
牛奶、冰淇淋、牛油類、嘔吐類、蛋白質類	1.牛奶、冰淇淋用水沾布榨乾擦洗 2.牛油、蛋白質類用乾布吸取，再以溫水擦除 3.用專用的乾洗液體洗去所有的污漬 4.待乾後用毛刷輕輕地刷地毯表面
口香糖	1.用專用凝固劑把口香糖凝固，可將乾冰置於污染處約4至5分鐘，使其變硬 2.待凝固後把它扣打成粉末狀，用吸塵器吸除，或用溶劑（四氯化碳等）擦除
油漬	1.用比較鈍的刀或刮鏟，儘可能地除去表面油漬 2.用固體清洗劑清洗後，用吸水性布把污漬處吸乾
血漬	1.用餐巾紙擦去血漬 2.倒些冷水後用乾布吸乾 3.待乾後再倒些冷水，再吸乾，反覆幾次 4.最後用毛刷輕輕地刷地毯表面
鞋油	1.刮去表面污漬後，倒些乾洗清潔劑 2.用乾淨的布把污水吸乾後用清水漂清 3.可用松節油擦取並以肥皂水清洗 4.最後用刷子刷地毯表面
泥巴	1.讓泥巴自然乾燥 2.乾燥後，用刷子輕輕擦拂，再以肥皂水清洗
墨水、墨汁	1.先用吸水紙吸除 2.用清水清洗的同時吸乾污漬 3.如果需要的話可用些清潔劑
油漆、凡立水、顏料	1.用餐巾紙把油漆吸乾 2.以樹脂油沾濕布擦拭，再用清水清洗 3.乾後用刷子刷地毯表面
尿、便	1.立即用水沾布擦乾吸取 2.用專用的乾洗液體加白醋洗去所有的污物 3.用餐巾紙擦乾後再用毛刷刷地毯表面

資料來源：作者整理。

4.定期清洗：保養時使用地毯水清洗，因使用場所不同，多久洗一次沒有硬性規定，視地毯髒污的程度而定。使用洗地毯機清洗前，要先將地毯吸乾淨，地毯水之比例為1：20，若特別髒可將比例降低。洗地毯時注意勿洗太濕，以免地毯水滲入地毯底；有些機器可將滲水回收，縮短地毯乾燥時間。若為大面積之地毯，為防縮水，可於四周及接縫處釘釘子固定，待地毯乾後，需再用吸塵器吸淨地毯表面。

洗地毯機（圖為台北環亞大飯店）

(五)地毯之保養

地毯可美化室內空間，傳遞溫暖感覺。地毯的保養最重要之處在於吸塵，同時要及時除去斑點，一旦發現斑點，必須在當天清洗，否則污跡的顏色染進地毯，乾了之後就再也洗不掉了。因此，只要及時清理灰塵與不定期保養、清洗，以確保地毯的品質，可延長地毯的使用壽命。

1.例行檢查：檢查是所有地毯和地面保養計劃的重要部分，清潔人員要每日檢查旅館內所有的區域和地面，及時清除髒污對地毯之保養由極大之幫助。

2.日常保養：在保養過程中，吸塵是保養地毯最重要的程序，吸塵工作越徹底，地毯需要的清潔次數就越少，使用的壽命就越長。旅館入口處人流量最大，保持清潔不僅為了美觀，更為了安全，因此可

在入口處放置經常更換的踏墊或長條地毯，防止這些區域的地毯受污或受損。

3.定期保養：客房地毯每日至少吸塵一次，同時對污漬要做局部清潔，並安排定期的地毯深度清潔。

(六)木質地板的清潔保養

木質地板不僅美觀，更能因其本質特性提供人們更舒適、健康的環境。然而實木地板若不做好清潔保養工作，即便是再高貴的質材，過一段時間之後，看起來就相當不雅觀，所以為了創造溫馨實木地板的效果及確保其品質，地板保養工作不能省略：

1.日常清潔保養：

(1)一般木質地板清潔可先以吸塵器或靜電紙拖把將表面的灰塵及髒污清除，然後再將抹布沾水，盡可能擰乾之後，再用擰乾的濕抹布擦乾淨，這樣大致上就完成清潔的工作，千萬不要用清潔劑或濕拖把直接拖，清潔劑可能會讓地板受傷或輕微侵蝕，濕拖把通常都不夠乾，地板接縫處會將多餘的水分吸收，長久下來很容易造成地板的變形。

(2)表面清潔後再適量使用地板油精，重新補充地板表層所損失的油脂。地板油精是由樹木中提煉的天然油脂，易滲入木質中保護木材。但地板發生刮傷情況，若再去拖地，水會滲進木材，易使木材變質，因而地板刮傷時，應儘早尋求專業人士協助重新磨光上漆；如果是淺層處理，一般多使用油精來養護，也是不錯的方式，可產生保護效果。

(3)晚上旅館客人較少時，可擦乾淨地面後用清潔磨光蠟進行拋光。

2.周期保養：周期保養工作是地板起蠟及封蠟，保養前先需用吸塵器

將地面灰塵吸除，為免刮傷地板，再將拋光機套上針座和鋼絲棉墊進行打蠟工作，將地面的舊蠟和鋼絲棉墊用吸塵器吸乾淨，再用乾布擦拭地面。打蠟前，請將告示牌放於工作現場周邊位置。封蠟是為將木地板蠟均勻地塗在地面上，木質地板封蠟應每季度進行一次。

3.作業注意事項：

　(1)操作機械時應按操作標準操作，以免發生事故造成傷亡及損壞機械。

　(2)上蠟應均勻，層與層之間上蠟相隔時間較長為宜。

　(3)地板打蠟前應在適宜的地方放置告示牌。

(七)大理石地板之保養

地板的價格昂貴，因此它不能像其他傢俱可時常更換，若疏於照應或保養不當，將產生危險性，甚至造成不可避免的損失與不必要的浪費。大理石地板為各旅館普遍採用，正確地打蠟不僅可使地面保持美觀，亦能保護地表面少受磨損，對地面的壽命有重要的影響，大理石保養標準應達到目視地面無灰塵，光潔明亮，可映出物體輪廓。以下將針對大理石平常保養、地板除蠟及上蠟等作業流程如下：

1.平常保養：視磨損及刮痕之程度，固定安排高速拋光，若有嚴重磨損須噴補及拋光，且要定期安排上蠟，上蠟之前要確保地可已清潔，如蠟黃則需重新安排除蠟及上蠟。

2.大理石地板除蠟／上蠟作業流程：首先確認除蠟之安全圍籬工作區域，施工範圍以塑膠袋隔離，避免汙染，要準備清潔劑，且將工作範圍內物品搬離現場，待事後需復原，利用除塵拖把擦拭地面之灰塵，再用拖把將剝離劑均勻塗布，視地板蠟之厚薄，調配塗布之量，以求有效剝離。其次，等待5～10分鐘，讓剝離劑發揮溶解

作用，再以洗地機用黑色菜瓜布打磨地面，清除蠟劑，用橡皮刮刀及吸水吸塵器將汙蠟吸除，再以洗地機用尼龍刷，加中和清潔劑刷洗，可改善地板之pH值，並可清除大理石接縫之污垢。最後，以吸水吸塵器將汙水吸除，續以大型吸水機再次以中和清潔劑刷洗，同時可回收汙水，最後再以拖把將地面擦拭乾淨，利用地板風乾機將地板徹底吹乾，以便上蠟，並利用風乾之空檔時間將牆角、壁面之污跡擦拭清理，地板開始上蠟，先將地板蠟（Stonethane）均勻塗抹地面，約30分鐘才乾。此外,可利用空檔收拾不需要之工具，並清理乾淨，後續再上三次地板蠟，每次均須等30分鐘使蠟水充份乾硬才再施工，最後以2000轉高速拋光機將地板磨亮，全部完成後，收拾圍籬，將現場物品恢復原狀（行政院農委會，2005）。

 第二節　養護消防設備

　　飯店業除了必須提供清潔、衛生、舒適的住宿品質，提供安全的住宿環境更是對房客最基本的義務與責任，尤其現今一般旅館皆屬於高聳的大樓建築，各項消防及逃生設備的重要性格外凸顯，且消防設備型式種類日新月異，不勝枚舉。

一、消防設備

茲將各項常見的消防設備介紹如下：

1.偵煙器：又稱煙霧感應器，當室內點煙濃度到達8%遮光程度時，飯店內的火警控制室即會收到該偵測器所發出的訊號。

旅館
世界觀

洞穴旅館

庫庫佩利洞穴旅館（Kokopelli's Cave Bed & Breakfast）

這個CNN、BBC、歐普拉秀、《國家地理旅人雜誌》等著名媒體都曾相繼報導的「庫庫佩利洞穴旅館」到底是何方神聖，竟有如此魅力讓眾媒體皆拜倒她的石榴裙下？

庫庫佩利洞穴旅館位於美國新墨西哥州的法明頓（Farmington）北方，靠近綠色台地國家紀念碑（Mesa Verde National Monument）。從洞穴及山巖頂端往四面望去，無與倫比的落日美景就這麼照映在美國西南方四個州之上。

新墨西哥地理景觀的一大特色即是擁有全美最大的天然地下洞穴，庫庫佩利就是順應此地特殊地形而建的洞穴旅館。整個洞穴位於地面下七十英尺，入口處位在地面上的山巖，順著間歇出現之砂岩石階及小斜坡緩緩而下。在小路盡頭，木製階梯引領您抵達一個大石板門廊，這兒就是大名鼎鼎的庫庫佩利洞穴旅館了！

此處原始的洞穴已於1980年遭到毀損，現在所看到的庫庫佩利，是地質學家布魯斯‧布萊克（Bruce Black）及其家族於八○年代重新開鑿之洞穴。1997年6月開始，這裡才正式成為現在我們所稱的庫庫佩利洞穴旅館。雖然住的是古老砂岩洞穴，這裡的設備可一點也不原始哦！不僅傢具富有美國西南風味，衛浴設備、廚房等配備等無不一應俱全，可說是相當便利。不過要注意的是，庫庫佩利只有在特殊活動中才會供應晚餐菜餚，而在其餘的日子裡可是不供餐的哦！還有，旅館內是不准攜帶寵物進入的，十二歲以下的小朋友也謝絕入內。若想在這裡辦一場「洞穴派對」，還得先跟旅館負責人講價才行。庫庫佩利提供地圖、旅遊資訊及導覽服務，遊客可以事先預約古代印地安文化區及安那薩依遺址（Anasazi Ruins）的導覽服務，旅館也接受附近田野地質之旅的預約。

沙漠洞穴（Desert Cave）

澳洲幅員遼闊，各處地形皆別具特色，也因此造就了澳洲的豐富資源與特殊景致。位於南澳地區的庫柏佩迪（Coober Pedy），不只是當地最大、最古老的蛋白石「礦鎮」，「洞穴旅館」更是不可錯過的特殊景觀！

由於南澳位處偏僻的澳洲大陸內地，氣候非常的炎熱乾燥，當地居民為了在高溫的環境下生存，選擇在地底下築巢的方式生活。此舉不但達到降溫的功效，就連當地旅館也以此為號召，吸引遊客前來觀光，還因此形成澳洲的另一特色。而「沙漠洞穴」就是以如此景致特殊為噱頭的洞穴旅館。

「沙漠洞穴」位於南澳地區最大的蛋白石礦鎮——庫柏佩迪境內，因此鎮上特產——蛋白石自然也是沙漠洞穴的賣點之一。這裡的地下商店街就是一個面積廣大的蛋白石賣場，您想要的任何蛋白石製珠寶、手工藝品這裡應有盡有、琳瑯滿目。在地下商店街選購蛋白石製品時，您可以在現場看到蛋白石的切割製作過程，並且也有各式樣本供您親自檢測。為了吸引觀光客購買，不僅產品有保證，商店街針對海外遊客更提供七折的優惠價格，若您是沙漠洞穴的房客，折數就再減一折。此外，旅館更提供了貴重物品保管的貼心服務，絕對讓您買得安心。以將近半價的六折，就能買到品質有保障的蛋白石製品，更不用怕貴重物品有任何閃失，相信任誰都難以抗拒。

除了飯店本身是建築於地底之外，這裡的設備可是一點也不含糊的哦！托嬰服務、各式商務設施、電子郵件、遊客資訊、交通服務、貴重物品保管、可容納二十人至二百四十人的會議室等等，住在這裡生活可是方便得很呢！另外，沙漠洞穴還附設有清涼到底的游泳池、讓身心得到完全放鬆的SPA和桑拿浴，以及世界級頂尖水準的健身房舒展四肢。這裡的會議室還提供參加者餐食等的特別服務，相當體貼旅客的需要。

資料來源：太陽王國網路事業股份有限公司。

2.感溫器：又稱定溫感熱器，即室內溫度上升至一定溫度後，感溫器即接受訊息，並將此訊息傳送至飯店內的火警控制室。

3.差定探測器：即通過探測器之氣流比裝置處的溫度高出20°C時，該探測器即能在三十秒內動作，將訊息傳送至火警控制室。

4.灑水頭：火災發生時，可藉由灑水頭探測器之感應而啟動灑水頭噴水，以防止火勢蔓延，是一種撲滅初期火災之固定式滅火設備。

5.火警指示燈：每一間客房門上方皆有一火警指示燈，如客房內的偵煙器、感溫器產生作用，該火警指示燈即會亮起紅燈，以利辨識。

消防栓

6.消防栓：消防栓內有消防栓出水口、開關閥、水帶、瞄子及滅火器等，一旦火災形成時，可以藉該項滅火設備立刻撲滅火源，避免火勢擴大成災。

7.火災報知機：一般位於消防栓之上方，於火警發生時，按下按鈕以通知火警控制室，並支援人力以共同協助撲滅火源。

8.防火阻隔門：即在走廊上等距離設置之阻隔門，一旦火警發生時，即自動彈開閉合，以免火災延燒至其他區段，逃生時仍可推開通過。

9.排煙機：一般火災發生時所造成的強烈濃

防煙面罩

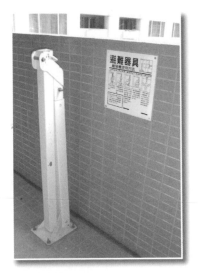

避難器具

緩降機

煙，經常對人體造成嗆傷、窒息，同時煙霧瀰漫也對人造成方向感的迷失，並產生恐懼感，排煙機會適時啟動，將濃煙排出，提供更多的時間以利逃生或等待救援。

10.緊急逃生梯：出入口有二道安全梯以確實隔離濃煙進入，為火災逃生時的緊急通道，並嚴禁堆放物品阻塞通道或上鎖，以免在危急時無法發揮作用。

二、消防箱養護步驟

在上文中所敘述之各項常見消防設備種類繁多，在此介紹養護消防箱的步驟，茲說明如下：

1.將消防箱內的水帶、瞄子與滅火器自消防箱內移出後，以濕抹布擦拭消防箱內部壁面、出水口及開關閥。

2.以濕抹布擦拭水帶。

3.以濕抹布擦拭瞄子。

4.以濕抹布擦拭滅火器筒身。

5.檢查滅火器使用期限及壓力是否合於標準。

6.將水帶依規定摺疊好，並將之放回消防箱內。

7.將瞄子依原規定掛回。

8.將滅火器移回消防箱內，並將消防箱門確實關好。

9.以濕抹布擦拭消防箱外門灰塵。

房務小百科　　地毯

　　地毯是最能襯托出質感的產品，環境溫馨氣氛的塑造與空間設計的美感表現，皆能經由鋪設地毯展現出飯店的獨特品味，具有靜音、保暖、防反光等特質。地毯很容易累積灰塵，而灰塵會破壞布料的纖維，所以要注意吸塵的時候需要慢慢推動吸塵器，動作應是把吸塵刷推前、拉後再推前，並且在清除時不要太用力地刷，以免造成纖維掉落；此外，要使用含溶劑的清潔劑時，先在地毯的角落測試會不會褪色，以免傷害了地毯。

一、編織地毯的特性

　　1.特點為持久耐用，且易於清洗。

　　2.適合使用於人群走動流量大而占地面積大的場所，如飯店的客房走廊、客房內走道。

二、手工織造地毯的特性

　　1.一向予人獨特、氣派與獨特的高質感形象。生產靈活，不論是

地毯的織法、顏色、圖案、式樣與形狀，皆能依照客戶的喜好以及需求而特別製作，來襯托出使用環境的特色。

2.特別適用於總統套房、飯店大廳，讓整體空間更顯富麗堂皇、美輪美奐的尊榮氣派。

三、地毯狀況之處理

地毯狀況	處理辦法
露芽	平滑的地毯上有時會出現特別長的毛絨，可能是製造時漏剪的絨頭，或被鞋跟鉤起而造成。遇到這種情況，只需用指甲剪或利剪將過長的毛絨剪平即可，切勿抽拉或用刀割。
褪色	防污地毯不易褪色，但受到塵污、陽光等外來因素影響，顏色會慢慢出現輕微的變化。要使地毯的色澤耐久不變，最有效的方法是減少直接受陽光曝曬。
隆起	在十分潮濕的天氣下，地毯上可能會隆起成波浪紋。此時應開啟冷氣機或除濕機，降低室內溼度，地毯便會回復平滑。
焦痕	如香煙或其他燃燒物在地毯表面造成焦痕，可用指甲剪剪去。
污漬	防污地毯雖然能防止污漬滲入，但地毯污染後，最好還是趕快鑑別污漬的類別，立即用清水和布洗抹。市面上有不少地毯去漬劑，如果使用正確，均可得到理想的去漬效果。
足踏痕跡	鬆軟的長毛地毯可能會因多人的來往踐踏而呈現深淺色的現象。其實採用先進方法染色的防污地毯不會有色差的問題，只是光線造成錯覺而已，只需順方向吸塵，便可消除這種現象。
毛絨倒伏	尼龍地毯的回彈性非常良好，通常只有在笨重傢具壓著的地方，毛絨才會倒伏，但只要移開傢具，用蒸氣熨斗平放在地毯數吋之上（切勿讓熨斗接觸到地毯），利用蒸氣幫助纖維回復彈性，然後用手指或刷子輕撥毛絨，地毯就會回復舊觀。
應避免接觸的化學物品	地毯與化學品接觸後，可能會產生化學污漬或褪色，故應避免沾染下列一般家庭常備的化學品：漂白水、殺蟲劑、強烈酸性和鹼性液體、強力清潔劑、護膚品、植物肥料。

資料來源：群群實業股份有限公司。

四、地毯清洗法

地毯清洗法	處理程序
高效能酵素藥劑	1.使用吸塵器吸塵，將灰塵雜物吸除，作初步清潔處理。 2.依污漬類別使用藥劑，作重點預先處理。 3.將高效能酵素洗劑，以熱水調合適當比例（中性無公害、無污染），均勻布灑於施作地毯上，使用地毯清洗機刷洗。 4.完成前項作業後，再以吸水機把污水髒物吸除乾淨。 5.再以乾淨絨布布墊刷洗，使地毯徹底清潔。 6.地毯周邊污染處擦拭清理。
乾粉式	1.使用吸塵器將灰塵、雜物吸除，作初步清潔處理。 2.依污漬類別使用藥劑作重點處理。 3.將乾洗粉劑均勻布灑於施作地毯上，以乾洗機清洗。 4.完成前項作業後再以吸塵器將殘留粉劑及髒污吸除。
泡沫藥劑	1.使用吸塵器將灰塵、雜物吸除，作初步清潔處理。 2.依污漬類別使用藥劑作重點處理。 3.以發泡清洗藥劑搭配專用泡沫地毯清洗機刷洗。 4.用吸水機吸除殘留泡沫所出的髒污。 5.地毯周邊污染處擦拭清理。
蒸氣式	1.使用吸塵器將灰塵、雜物吸除，作初步清潔處理。 2.依污漬類別使用藥劑作重點預先處理。 3.以專用蒸氣洗粉末藥劑依適當比例調混溫水，配合蒸氣式地毯清洗機清洗。 4.完成後再依情況重點重複前述程序。 5.上述施作之清潔藥劑皆含有除菌消毒及芳香配方，完成後有清潔消毒除臭芳香的功效。

資料來源：群群實業股份有限公司。

第三節　化學藥品

　　在做客房的清潔保養時，為提高客房清潔品質，化學藥品成了不可或缺的輔助工具之一，而使用正確的化學藥品能達到高效清潔的效果，但反之，則會造成財產上的損失，更嚴重則會造成職業傷害。因此瞭解化學藥品不僅提高個人工作品質，更能維護自身的工作安全，對化學藥品的使用認知，為房務部人員不可或缺的知識之一。

　　化學藥品種類眾多，功效各有不同，以下為您逐一介紹各項化學藥品的使用方法以及使用禁忌，讓您對化學藥品有更深一層的瞭解。

一、萬能清潔劑

　　含界面活性劑及研磨劑的中性清潔劑，亦可加入沐浴乳以增加潤滑作用，並可增加芳香味道。調合使用，可用於浴室臉盆、馬桶、浴缸等之清洗，以清除附在浴缸、牆壁上的油脂、水垢及肥皂殘餘物等。

萬能清潔劑

二、磁潔、高潔

　　馬桶、磁磚等污垢之清理，均屬強酸之化學用品。避免觸及不鏽鋼物品或花崗石地板。

馬桶清潔劑

三、漂白水

1.磁磚縫、浴簾等之發霉漂白用；茶杯、茶壺、盤子、洗臉盆水塞等漂白用；水杯之清潔殺菌用。

2.清理時應避免濺到衣物或眼睛，若沾到不鏽鋼應立即沖水。

3.注意漂白水禁止與磁潔混合使用，以防產生氣爆。

四、去油能

用以清洗一般污漬、油漬，若大面積時可與萬能清潔劑摻合使用。

五、除鏽水

用以清除鐵鏽污漬，避免觸及衣物造成腐蝕。

六、酒精

1.電話消毒用以及輕微黏膠清理用。

2.避免觸及木器油漆，以免造成泛白痕跡；
另擦拭印刷品時會造成字跡褪色。

酒精

七、甲苯、香蕉水

1.油漆之調和劑，可用於清理黏膠及玻璃、鏡面污漬。

2.不得擦拭塑膠、傢具、壓克力等製品，會造成表面腐蝕的現象。

八、三合一清潔劑

1.用以清理黏膠、纖維質污點以及黏在地毯上的口香糖。
2.為中性清潔劑,較不會造成損壞,效果良好。

九、玻璃清潔劑

用以清理玻璃、鏡子的污漬灰塵;亦可添加酒精以增加揮發性,使用後潔淨明亮、效果好,並且可防止灰塵吸附。

十、XO除臭劑

1.用於房間臭味中和時,使用時噴於地毯,具揮發除臭效用,可短暫清除房間的臭味或霉味,發臭原因則要另外設法排除。
2.使用於房間四周及中央處,向下噴灑,以避免玻璃鏡面等留下水漬。

十一、地毯清潔劑

1.用於地毯清洗或局部污漬清理,依地毯材質及髒污程度選用各種類別之藥劑,可使地毯顏色鮮麗、耐久,潔淨芳香。
2.再依地毯污漬之程度可稀釋十至二十倍使用,並於清洗

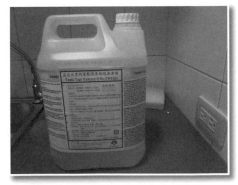

泡沫地毯清潔劑

地毯前用吸塵器先吸乾淨，地毯洗乾後要再吸塵一次才能使用。

3.注意地毯接縫處要釘上鐵釘，以防止地毯縮水。

十二、地毯芳香劑

用以清除地毯霉味，增加芳香，倒在專用抹布上，均勻塗抹後用力擦亮，但避免用量過多，會造成濕黏。

十三、碧麗珠

用以打蠟磨亮傢具，倒在專用抹布上，均勻塗抹傢具後用力擦亮，但避免用量過多，會造成濕黏；房門等木器不宜上蠟，以防發霉。

碧麗珠傢具保養劑（正、反面圖）

十四、傢具保養劑

含乳蠟防護配方，具清潔保養防護功效，完成使用後形成保護層，防止污漬、潮濕以及損傷，以保持自然光澤。

十五、銅油

1. 用以擦亮銅器用品，均勻塗抹後用力擦亮；鍍銅用品不可使用，以免破壞保護膜。
2. 清理樓梯銅條可加入香蕉水及松香水，擦拭較為省力，並可增加亮度。

十六、D-40潤滑油

螺絲鏽蝕、門絞鍊等潤滑用。

D-40潤滑油

十七、不鏽鋼保養油

1. 用以清理不鏽鋼門等大面積的不鏽鋼。
2. 表面污漬的清理，形成保護膜後要將多餘的油漬擦乾淨，並依序噴灑均勻後再用力擦拭，以保持光亮。

十八、不銹鋼金屬防護劑

為水溶性乳化劑，對於鏽蝕、斑點容易擦拭清潔，保養後不使金屬表面起磨痕或刮傷，能保護金屬表面，並能有效防止手印痕跡及水斑等。

十九、不鏽鋼清潔亮光劑、地板亮光蠟

1. 大理石、PVC等各種地板打底時使用，能讓地板平坦、耐用而且保養容易，潔亮持久。

2. 地板要徹底清理乾淨並風乾後才能上蠟；平日可用磨光機拋光，以增加地板亮度。

二十、表面蠟

1. 於完成除塵清洗程序後，均勻塗布於地板上，能使地板光潔亮麗，而且日常保養維護容易。
2. 表面蠟有諸多種類，如一般樹脂蠟、玻璃蠟、晶化蠟等，可依施作地板之材質選用適當用蠟。
3. 含特殊聚合分子，抗摩擦、防刮傷、質硬亮度佳，且不變黃、不粉化。
4. 不受水侵蝕，耐用性高，易保養。

二十一、潔夫液

1. 牆面或不鏽鋼表面污漬清潔用。
2. 使用時要用淺色抹布，清潔後會有白色粉末，注意用濕布擦乾淨。

客房與公共區域清潔保養用品、器具，整理如**表7-3**。

表7-3　客房與公共區域清潔保養用品、器具一覽表

	清潔用品	清潔器具	保養用品	保養器具
臥室				
玻璃	中性清潔劑	玻璃刮刀	玻璃清潔劑	玻璃刮刀 抹布
天花板通風口	伸縮桿 抹布擦拭	人工施作	伸縮桿	人工施作
1.一般地毯 2.高級地毯	1.地毯清潔劑 2.乾粉劑 　泡沫 　絨布墊	乾洗機 洗地毯機 打蠟機等	局部污漬處理	梳子 刷子 吸塵器
浴室				
廁所馬桶 洗手台 五金配件	中性清潔劑	人工施作	中性清潔劑	人工施作
1.鏡面不鏽鋼板面 2.霧面不鏽板面	中性清潔劑	抹布擦淨	1.不鏽鋼油 2.玻璃清潔劑	抹布 白色菜瓜布
其他地區				
安全梯 台階 止滑條 扶手 欄杆	清潔拖拭上蠟 上油擦亮 擦拭 擦拭	掃拭把 打蠟機 玻璃刮刀 吸塵器 人工施作	清掃拖拭吸塵 中性清潔劑 玻璃清潔劑 抹布擦拭 吸塵	掃拖把 吸塵器 玻璃刮刀 人工施作
消防設備 煙灰筒	擦拭			

資料來源：作者整理。

專 欄　　**客房清潔計畫表**　

日期	清潔項目名稱	清潔細項
星期一	磁磚日	1.浴室地板磁磚 2.浴室牆壁磁磚 3.臥室入門磁磚
星期二	裝飾傢具日	1.壁畫及壁畫框 2.鏡子及鏡框 3.電話及電話線 4.大門及門框 5.房號及緊急避難指示牌 6.踢腳板及護木
星期三	衣櫥日	1.衣櫥門 2.保險箱及其指示卡 3.保險箱下方抽屜 4.衣架 5.衣櫥內橫桿
星期四	盥洗日	1.馬桶、便座及水箱 2.洗臉台及阻水器 3.浴缸及其邊緣白膠 4.毛巾架及蓮蓬頭 5.浴簾架
星期五	大型傢具日	1.床頭櫃 2.沙發及書桌 3.檯燈及電燈類 4.行李架
星期六	窗戶日	1.窗戶及窗框 2.內外窗台
星期日	櫥櫃日	1.電視及電視櫃 2.迷你吧及冰箱

第四節　個案探討與問題分析

一、房務個案

(一)不被取代的感情與愛情

　　Renoir：冷靜心青梅竹馬的鄰居

　　就讓這溫柔的旋律撫過我滄桑的臉龐，而我只想浸泡在這咖啡的香濃裡，就想如此地任由回憶一片片地散落在心田的每一角落，讓它靜靜地往心底敲打。居然又想起了他——Renoir，我的兒時玩伴。記得大學畢業那一年，我們相約在墾丁飯店度假，整整一個星期。

　　我們並不是彼此的另一半，也許該說他背負著過去的情傷太久了，誰能療養這樣的痛呢？誰又能知道甜蜜的初戀情人前一秒還開心地在你懷裡與你吃著巨無霸冰淇淋，而下一秒，卻躺在血泊之中；而他依舊帶著女友離開那天脖子上所繫的絲巾，上面還有點點泛黑的血漬，他的哀痛是如此地深刻，我似乎也能體會了。

　　在熾熱的陽光底下，墾丁純淨的南灣在心裡融化成一片溫柔的汗水，輕輕地一抹微笑就如此任海風撲向臉頰猛吻，我們就在這裡一邊談著心事一邊散步，直到傍晚，終於在碩大的赭紅日落裡，戀戀不捨地垂淚離開了關山的懷抱，度過了這美麗的一天，終究我還是不捨地返回中部。我們各自地回到自己的家，一開房門便往床上狂奔，好溫暖哦！不一會兒，「鈴鈴……」電話便響了——怎麼那麼快就有人知道我回來了，心裡懷疑著。

　　「你好，我是冷靜心！」一邊拿起話筒，一邊掩不住心底的疑惑。

　　「靜心，我的絲巾……不見了！」是Renoir，電話一頭傳來略帶顫抖的

聲音。

「怎麼會呢？你有沒有仔細地找過一次，需要我過來幫你一起找嗎？」我也替他緊張了，怎會不見呢？他一向謹慎的。

「全找過了，不可能不見的，我放在枕頭上啊！……靜心……我……」Renoir毫無頭緒地說著。

「你等我一下，我過來再幫你找一次好嗎？你先別慌，等我。」掛上電話急忙來到他家，果然縱使找了三、四遍也全無所獲。正當我們坐在床邊回想著──

「靜心，我回到飯店時房間有清潔過，會不會……」

我馬上打電話給墾丁的飯店詢問今天房務員是否有發現一條絲巾，並慎重地請託房務部經理協助找尋。

（隔天，在墾丁的飯店）

房務部經理一早便詢問負責打掃這間客房的房務員是否有發現此絲巾，房務員表示印象中這條絲巾已泛黑，故已將之丟棄，又因飯店今、明兩天客滿，需要趕做房間，因此房務部經理便決定不找了。

於是，房務部經理回覆Renoir電話說道：「您好，Renoir先生，這裡是墾丁飯店，昨日您所詢問的絲巾，我們感到十分抱歉，由於打掃客房的房務員已經將絲巾丟棄了，實在無法找回。」經理相當客氣地向他道歉著。

雖然Renoir告訴我這件事情時，臉上只透露著淡淡的傷感情緒，但我知道他的心裡早已難以負荷這煎熬了，而他卻佯裝著堅強，依然堅持請飯店儘可能地找回那條絲巾，即便他心底明明曉得機會渺茫，就如同逝去的戀人早已煙消雲散般。

後來聽他說飯店希望能以相同款式的絲巾作為賠償，但是我想這件最珍貴的記憶，能讓你我割捨得了嗎？能讓其他代替品隨意取代得了嗎？

(二)房客的特殊癖好

907號房房客

Echo：三十三歲，房務員，在職二年

　　站在飯店外的高台上，暖暖的微風輕拂過臉龐，閉上了雙眼竟然有著截然不同的感受，靜靜地聆聽山林的聲音，……真好。一陣窸窸窣窣的聲音傳來，漸漸在耳畔擴大，不覺地皺起了眉頭。

　　「剛剛房務部的Echo吃飯的時候說有個『阿多仔』客人很討人厭。」

　　「怎麼說？很『澳客』嗎？」

　　「不是，聽她說那個『阿多仔』非常喜歡飯店的備品……」

　　這是整理花園的員工們之間的談話。

　　907號房的俄國客人住在祈情飯店裡已有二天了，這些天Echo為了這位「阿多仔」客人的特殊癖好真是受夠了，也許是飯店備品設計的造型相當特別，因此這位外國客對備品非常地感興趣，每天都要房務員整理好幾次，有時房務員剛剛整理好不到半小時的時間，他又掛上了清潔牌，並且將浴室故意潑濕弄亂，然而今天已是907號房C/O的日子了。

　　一大早907號房的房客掛上了清潔牌，按照飯店的作業程序，需要等到客人C/O之後才打掃客房，不久這位外國客人也許是等得不耐煩了，因此便撥了通電話催促著——

　　「鈴鈴……」「……是的，907號房的客人今天不是要辦理退房手續了嗎？是，……，瞭解，謝謝你。」房務部的領班接到電話後，雖然覺得奇怪，依然通知正在打掃十樓的Echo。Echo不甘願的向領班抱怨說：「領班，這個『阿多仔』很煩耶！前幾天我光打掃他的房間來來回回地就花上了三個小時，今天他都要退房了，煩不煩啊！我又不是只有他的房間要打掃！」她雖然嘴邊抱怨著，但在領班的安撫下還是動身至907號房打掃去了。

（半小時後，房務部辦公室的電話又響起了）

　907號房的外國客人將所有備品放入行李箱裡，並且將浴室弄濕，在房務員Echo打掃完的半小時後，他隨即掛上了清潔牌，並且打了通電話請房務員再行整理。這次Echo非常生氣地按了門鈴，等外國客前來開門，不久外國客將門開啟準備讓Echo進去整理時，Echo非常不客氣地說：「Sorry sir, no two no no, 只有one, thank you.」這句破英文說完後，她一轉頭便離開了，只留下一頭霧水的外國客人呆呆地目送著她遠離視線。房務員的這個舉動讓客人覺得錯愕、尷尬極了，但外國客人也不甘示弱地打了通電話向房務部經理抱怨。

　房務部經理向客人道完歉後，納悶地詢問Echo到底是什麼原因，而Echo也生氣地向經理抱怨說：「經理，他很過分耶！我已經整理過了，每次他還故意將浴室弄濕，然後又要我去幫他整理。」

　「客人說他比較怕熱，而且又容易流汗，所以要常常洗澡，妳就體諒他一下啊！對了，剛剛妳和他說了些什麼，907號房的客人跟我說，妳對他說了一些奇怪的話後掉頭就走了，妳是說什麼？」

　「我跟他說no two no no，只有one，沒錯吧！」

二、問題與討論

1. 請問房務個案(一)中的房務員在作業上是否有疏失呢？
2. 請說明遺失物（Lost & Found）的處理過程？
3. 請問房務個案(一)中的房務部經理其處理態度是否適宜？如果您是房務部經理會怎麼做呢？
4. 依房務個案(一)，飯店管理者是否應該加強員工的在職訓練？如果是，應如何加強呢？
5. 若您是房務部經理，您會如何處理房務個案(二)的事件（請分別針對

客人及房務員說明）？

6.承上，身為旅館的從業人員，房務員Echo有哪些行為舉止不合宜，
而哪些應加強呢？

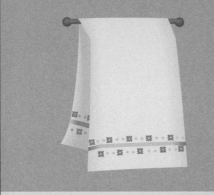

Chapter 8

服務項目的介紹

本 章 重 點

事情不會改變，改變的只是你的看法罷了。

　　　　　　　　　　　　　　　——卡羅‧卡斯坦妮達

　　飯店現在面臨著一個變化激烈的時代，同業間的競爭也日趨白熱化，因此，各飯店無不想盡各種方法來吸引顧客。飯店以提供服務為主，包括有形的設備和無形的服務，而房務部除了提供客人基本的客房住宿外，為滿足不同的客人需求，亦提供多樣服務，以下將分別介紹其服務種類及應注意事項。本章分三部分說明，首先介紹房務部中的各項基本服務；其次介紹夜床服務；最後為個案探討與問題分析。

第一節　各項基本服務

　　房務部的工作除了客房的清潔整理之外，對於住宿客人也提供了一些日常生活的服務項目，本節介紹服務的種類有保姆／托嬰服務（Baby Sitter Service）、加床服務（Extra Bed Service）、嬰兒床服務（Extra Crib Service）、擦鞋服務（Shoe Shine Service）、客房迷你吧服務（Mini Bar Service）、洗衣服務（Laundry Service）以及貴賓服務（VIP Service）等七大項服務。

一、保姆／托嬰服務

　　對於到旅館住宿的夫婦而言，有時可能因事外出或要參加宴會，比較不適合帶小孩一同前往，所以保姆服務可解決此一困擾，在旅客出門的時候為他看顧小孩。除了長期住宿與度假型的旅館會特別設有保姆人員，對於很多旅館而言，是由館內員工來擔任的。所以應建立起保姆人

選名單與相關服務記錄，以方便下次客人有所需求時，能適時地提供服務。

(一)填寫申請表

飯店多會請旅客填寫申請表格（如圖8-1），其主要目的在瞭解小孩的情形及特殊狀況，以供照顧者參考，表格內容茲說明如下：

1.客人姓名與聯絡方式。

2.需要照顧的時間。

3.小孩的性別、年齡。

4.有無特別要留意的情形（像是特別害羞或有氣喘等病症）。

5.需照顧的小孩人數。

(二)保姆人員應注意事項

保姆人員在照顧小孩時，必須瞭解下列事項：

1.要注意個人儀表及衛生，不可有任何疾病，以免傳染給幼兒。

2.值勤前十五分鐘至房務辦公室報到，並由房務部派人陪同保姆人員前往客房，向房客介紹。

3.保姆人員要經常與房務部當班人員聯繫，若有任何情況發生，才可以立即處理。

4.要注意幼兒之安全問題及飲食起居。

5.保姆工作完成要回家時，一定要告知房務部。

6.超過晚間十一時，可要求計程車費。

AGORA GARDEN

LUXURY SERVICED APARTMENTS

BABYSITTER REQUEST

Date

Guest's Name

Room No

Dear Guest,

As requested by you we have arranged for :

Name of Babysitter

to report to you from　　　　　　to　　　　　　on

Kindly note that there is a minimum charge of NT$ 500.00 for the first 2 hours babysitting.　A fee of NT$ 200.00 is charged for each additional hour. If you release t babysitter after 10:00 pm, please pay her a fee of NT$ 150.00 for taxi fare.　A cancellati fee of NT$ 200.00 plus a taxi fare of NT$ 150.00 are chargeable if notice is given less th 4 hours prior to commencement time.

All payment should be made directly to babysitter.

Under no circumstances shall AGORA GARDEN be liable to compensate the tenant any accident, negligence, willfully or otherwise, caused by the babysitter.

Thank you.

I fully accept the above
terms and conditions.

圖8-1　保姆服務申請單（台北亞太會館提供）

二、加床服務

　　飯店的客房銷售是以房間為單位，但如有人數變動時，則需另外增加費用，飯店客房人數以增加一人為限。

(一)加床

　　加床標準作業程序說明如下：

1. 在接到櫃檯告知加床時，隨即提供該項服務，而且通常在客人未住進時，即已接到加床通知。若要求加床的房內已有沙發床的設備時，務必請櫃檯與客人確定是否還需加床。
2. 櫃檯通知房務部辦公室，此時則必須在房間報表上記錄加床的房號。
3. 房務部辦公室通知樓層領班作加床服務。
4. 檢查備用床是否有損壞，並將它擦拭乾淨，鋪好床後推入房間內。
5. 加床後，亦需增加房內相關備品的數量（例如，毛巾類、牙刷、拖鞋等）。

(二)注意事項

　　房務員在加床時，必須瞭解下列事項：

1. 續住的房間若提早退床，也需在「房間報表」上註明退床，並通知櫃檯已退床，以避免造成重複入帳。
2. 退房後，床鋪要儘快收好歸位，若是向其他樓層借用活動床，則要主動放回原來的位置；備用枕頭與毛毯、床墊等要檢查無問題後，摺疊整齊放回原位。

　　加床登記表如**表**8-1。

表8-1　加床登記表

```
          敏蒂天堂飯店
        Mindy Paradise Hotel

     Extra Bed/Baby Crib Request Form
                         Date：_____
```

Room Number	Guest Name	Rate NT$

Requesting Period：_____
Guest Signature：_____　　Prepared by：_____

資料來源：作者自製。

三、嬰兒床服務

　　客人若有攜嬰前往飯店住宿而要求加嬰兒床時，飯店所提供的免費服務。加嬰兒床之標準作業程序，茲說明如下：

1.請客人與櫃檯聯絡。
2.櫃檯通知房務部辦公室。
3.房務部辦公室登記客人的房間號碼。
4.房務部辦公室通知樓層領班。
5.檢查備用床是否有損壞，並將它擦拭乾淨，鋪好床後推入房間內。

四、擦鞋服務

　　如圖8-2，為了提供旅客更細膩的服務與維護旅館地面的清潔，旅館

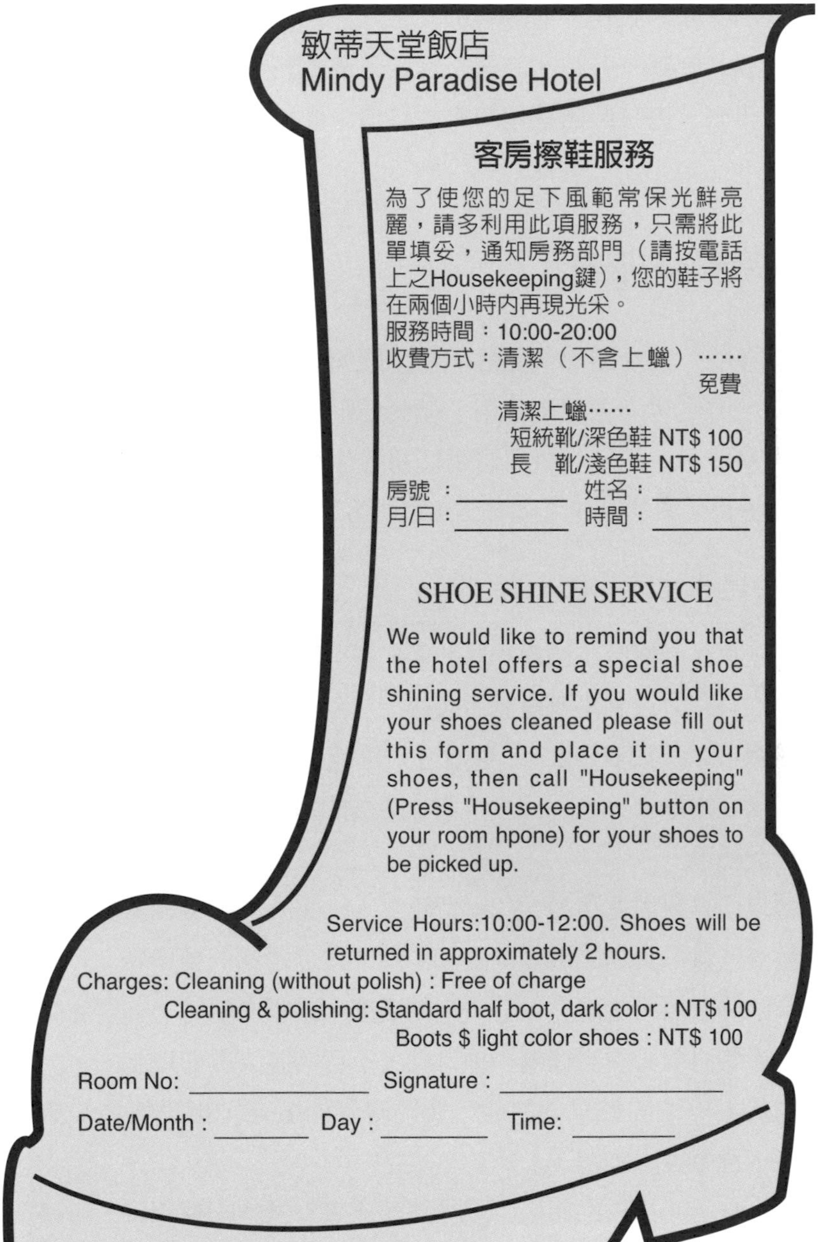

Chapter 8
服務項目的介紹
211

7

敏蒂天堂飯店
Mindy Paradise Hotel

客房擦鞋服務

為了使您的足下風範常保光鮮亮麗，請多利用此項服務，只需將此單填妥，通知房務部門（請按電話上之Housekeeping鍵），您的鞋子將在兩個小時內再現光采。

服務時間：10:00-20:00
收費方式：清潔（不含上蠟）……
免費

清潔上蠟……
短統靴/深色鞋 NT$ 100
長　靴/淺色鞋 NT$ 150

房號：＿＿＿＿　姓名：＿＿＿＿
月/日：＿＿＿＿　時間：＿＿＿＿

SHOE SHINE SERVICE

We would like to remind you that the hotel offers a special shoe shining service. If you would like your shoes cleaned please fill out this form and place it in your shoes, then call "Housekeeping" (Press "Housekeeping" button on your room hpone) for your shoes to be picked up.

Service Hours:10:00-12:00. Shoes will be returned in approximately 2 hours.
Charges: Cleaning (without polish) : Free of charge
Cleaning & polishing: Standard half boot, dark color : NT$ 100
Boots $ light color shoes : NT$ 100

Room No: ＿＿＿＿＿＿＿　Signature : ＿＿＿＿＿＿＿

Date/Month : ＿＿＿＿　Day : ＿＿＿＿　Time: ＿＿＿＿

圖8-2　擦鞋服務

資料來源：作者自製。

常會有這項擦鞋的服務。而擦鞋的顏色以黑色、褐色居多，其他顏色則需另外付費。收到皮鞋時，註記上房號，避免將擦拭完成的皮鞋送錯房間。而近年來，也有飯店採用自動擦鞋機來取代人工服務，無需另外收費。

五、客房迷你吧服務

飯店在每一個房間內會擺放一台小冰箱，將一些飲料、酒水與零食放在裡面，方便客人在房內享用。但此項服務需付費，若房客有取用，則會在飲料帳單上簽名，帳單將併於房客住宿遷出時的帳單中。另外，客房內也提供免費的茶包、咖啡，可供房客取用。

(一)檢查迷你吧台

1. 每天早晨打掃時，由房務員或領班逐一檢查迷你吧台裡的食物。搖動飲料罐，注意是否有食用過後又放回原位的情形。
2. 核對帳單（如**表8-2**），查看客人是否有登記入帳，清點的房務人員需在帳單上簽名；反之，則由清點的房務人員依消費內容為客人登記帳單。
3. 帳單內容要填寫清楚，一聯留給客人，另外兩聯交回房務部。
4. 檢查飲料、食物的有效期限，過期或接近過期的要換新。
5. 調節冰箱溫度，讓它保持一定的溫度，積霜太厚時，則要除霜。
6. 客人的消費必須到櫃檯出納付款，不可向客人收取現金。
7. 對於退房時間較早的房間，要即時入內檢查，再迅速通知櫃檯入帳，避免客人跑帳。
8. 客人食用過後放回原位，或從外面買來不同牌子補回時，一樣要入帳。

表8-2　迷你吧帳單

台北遠東國際大飯店
Far Eastern Plaza Hotel
TAIPEI
MANAGED BY SHANGRI-LA INTERNATIONAL HOTEL
MANAGEMENT LIMITED

客房小點　　　　　209751
IN ROOM REFRESHMENTS
おつまみ

PAR	ITEM	PRICE EACH NT$	CONSUMED	TOTAL NT$
2	汽泡式礦泉水 Sparkling Mineral Water　スパークリング ミネラル・ウォーター	120		
8	特級進口果汁 Imported Premium Juice　インポーテッド プレミアム ジュース	160		
4	進口啤酒 Imported Beer　インポーテッド ビール	150		
2	台灣啤酒 Taiwan Beer　タイワン ビール	150		
8	汽水・可樂 Soft Drink　ソフト ドリンク	110		
2	黑牌威士忌 Black Label Whisky　ブラックラベル ウイスキー	250		
2	尖兵威士忌 Jim Beam Whisky　ジムビーン ウイスキー	250		
2	特級蘭姆酒 Premium Rum　プレミアム ライム	230		
2	特級琴酒 Premium Gin　プレミアム ジン	230		
2	特級伏特加 Premium Vodka　プレミアム ウォッカ	230		
2	白蘭地 VSOP Cognac　コニャック VSOP	350		
1	精製白酒 Vintage White Wine　ヴィンテージ ホワイトワイン	800		
1	精選紅酒 Vintage Red Wine　ヴィンテージ レッドワイン	800		
1	特級香檳酒 Vintage Champagne　ヴィンテージ シャンペン	1,400		
2	花生米 Salty Peanuts　ソルティー ピーナッツ	110		
1	尤魚絲 Shredded Squid　サレテッド スクイド	225		
2	巧克力 M&M　M&M'S チョコ キャンディーズ	110		
2	巧克力吧 Snickers Bar　スニッカーズ チョコバー	110		
1	起士球 Combos　コンボス スナック	110		
1	薯片 Pringles Chips　ピリングレス チップス	225		
2	礦泉水 Evian Mineral Water　エビアン ミネラル・ウォーター	110		
1	環保袋 Environmental Shopping Bag　エンビロンメンタル ショッピング バック	100		
	沖泡式咖啡 Premium Instant Coffee　プレミアム インスタント コーヒー	COMPLIMENTARY（無料サービス）		
	茶包 Premium Tea　プレミアム ティー	COMPLIMENTARY（無料サービス）		
	礦泉水 Premium Mineral Water　プレミアム スティル ウォーター	COMPLIMENTARY（無料サービス）		
	TOTAL			

GUEST NAME　　　　　　　　　　　DATE

YOUR ATTENDANT　　　　　　　　　TIME

POSTED BY　　　　　　　　　　　　ROOM

資料來源：台北遠東國際大飯店。

(二)補充迷你吧台

1. 依據清點結果，填寫飲料倉庫領料單（如**表8-3**）。
2. 持食品飲料請領單至倉庫或房務部領取，如客人要求增加擺放數量，則可追加領取。
3. 過期、瓶身破損或變質者，退回倉庫或房務部辦理補發。
4. 將領取的飲料與食物外包裝擦拭乾淨。
5. 領取後儘速補充客房迷你吧台所需，並且放在固定位置。
6. 飲料與食物的名稱正面朝外，而酒類則要直立放置。
7. 無法將飲料送入客房時，暫放該樓層服務台，將房號、數量、品名註記在交接本上，請交接的同仁補足。

(三)補充茶包、咖啡

1. 保持茶盤、咖啡盤的清潔，不論續住或退房，客人使用過的杯子需清洗擦拭再放回。
2. 每天檢查茶包、咖啡數量，以補充客人使用的數量，並依照規定位置擺放。
3. 將房內的熱水瓶加水，瓶身則擦拭乾淨，不殘留水漬。

六、洗衣服務

為了住客的方便，飯店提供了洗衣服務，讓出差在外的旅客也能不必為了洗衣、燙衣以及縫補的問題擔心。在收送洗衣時必須敲門兩次或按門鈴一次，並說明收送洗衣服務，等十秒鐘如果沒有回音，再按一次門鈴，進入房間，並再一次說明收送洗衣服務，下面將介紹客衣收取與送回的標準作業程序，茲說明如下：

表8-3　飲料倉庫領料單

敏蒂天堂飯店
Mindy Paradise Hotel

飲料倉庫領料單
BEVERAGE STORE REQUISITION

酒 吧 名 稱　　　　　　　　　　　　　　　　　　日 期
NAME OF BAR　　　　　　　　　　　　　　　　　DATE

料　號	說　明	數量　QUAN.		單位成本	總成本	備註
		請領數	實發數			
CODE NO.	DESCRIPTION	ORDERED	ISSUED	UNIT COST	TOTAL COST	REMARKS

核准　　　　　　　　　　　發料者　　　　　　　　　　領料者
APPROVED BY　　　　　　ISSUED BY　　　　　　　RECEIVED BY

資料來源：作者自製。

(一)客衣收取

客衣收取之標準作業程序，茲說明如下：

1.洗衣單之填寫：

(1)洗衣單（如**表8-4**）多由客人親自填寫，也有客人會請服務人員代為填妥，若為後者，則需當場與客人確認清楚，如有不符合的地方，必須立即更正，無論何種方式，洗衣單上一定要有客人的簽名。

(2)洗衣單上客人若註明有特別要求時，則要通知房務辦公室，如有看不懂的地方，要當面問清客人。

2.送洗方式：

(1)客人會將需送洗的衣物，連同洗衣單置於洗衣袋，放在房內，讓打掃的房務員收取，而房務員早上10：30以前，檢查自己今日將整理的房間，查看有無欲送洗的客衣，以便收取。

(2)客人致電房務辦公室，房務辦事員（Office Clerk）在接獲通知時，必須立即將房號作記錄，以避免遺忘或記錯，並須告訴客人確實的收送時間，不能有誤差；之後再通知管衣室並請派人員前去收取欲送洗的衣物。

3.核對洗衣單之項目：

(1)客人的姓名及房號。

(2)收洗日期及時間。

(3)送洗之數量及種類。

(4)送洗時必須注意：

① 若客人勾選快洗項目時，要確認其送回之時間，如在作業時間以外，則需請示上級，才能回答客人。

② 若客人未勾送洗時效，則應請教客人是普通洗或快洗，並告

表8-4　洗衣單

敏蒂天堂飯店
Mindy Paradise Hotel

PLEASE ☑
☐ LAUNDRY ☐ DRY CLEANING ☐ PRESSING

A SEPARATE FORM
AND A SEPARATE
BAG SHOULD BE
USED FOR LAUNDRY,
DRY CLEANING.
OR PRESSING REQUESTS

NAME_____
ROOM# _____
DATE _____
SPECIAL INSTRUCTIONS
_____
☐SHIRTS FOLDED ☐STARCHED
☐SHIRTS ON HANGER
☐CHILDREN 70% OF REGULAR CHARGE

ITEMS	LAUNDRY	DRY CLEANING	PRESSING	PIECES	GUEST COUNT	HOTEL COUNT	AMOUNT
	NT$	NT$	NT$				
西裝 SUIT- 2 PCS　スーツ上下	-	500	400				
上衣/運動外套 JACKET/SPORT COAT　ジャケット/スポーツコート	250	250	200				
西褲/裙 TROUSERS/SKIRT　ズボン/スカート	250	250	200				
全摺裙 SKIRT-FULL PLEATED　スカート フールブリーツ	300	350	250				
襯衫 SHIRT/BLOUSE　シャツ/ブラウス	250	250	150				
運動衫 SPORT SHIRT　スポーツ シャツ	250	250	150				
運動裝 TRACK SUIT-2 PCS　運動服上下	200	-	-				
短褲 SHORTS　半ズボン	180	180	100				
背心 VEST　ベスト	-	120	100				
領帶/圍巾 NECKTIE/SCARVES　ネクタイ/スカーフ	-	130	100				
毛衣 SWEATER　セーター	-	250	100				
長大衣 OVER COAT　オーバーコート	-	430	300				
洋裝 DRESS　ドレス	350	400	330				
晚禮服 DRESS-FORMAL　フォーマルドレス	-	450	300				
內衣 UNDER SHIRT　下着	200	-	-				
內褲 UNDER PANTS　パンツ	65	-	-				
襪/絲襪 SOCKS/STOCKINGS　靴下/ストッキング	65	-	-				
胸罩 BRASSIERE　ブラジャー	65	-	-				
晨衣 MORNING GOWN　ガウン	150	350	150				
睡衣 PAJAMAS - 2 PCS　パジャマ上下	220	200	-				
手帕 HANDKERCHIEF　半ズボン	40	-	-				

AMOUNT NT$

SURCHARGE _____
10% SERVICE CHARGE_____
TOTAL NT$
5%Government Tax Included

☐ EXPRESS SERVICE　Laundry & Dry Cleaning collected before 7:00pm will be returned the same day or designated Time next
　　50% surcharge　　morning. Time Required:
　　　　Pressing　One hour service available at 50% surcharge.
☐ Regular service　Laundry & Dry Cleaning collected before 12 noon, will be returned in the evening of the same day.
　　　　Articles collected after 12 noon will be returned the following day.
　　　　Pressing　Three Hours service available before 10:00pm at regular charge.
Condition of use: The Hotel cannot be held responsible for any damage resulting from the normal process, loss of buttons or anything left in pockets.
All claims must be made within 24 hours after delivery and must be accompanied by the original list.
Please indicate the number of articles in Guest Count. If nothing is listed the Hotel Count must be accepted as correct. In case of discrepancy in the count we will try to contact you and if you are not available the hotel count must be accepted as correct.
Liability of loss and damages are limited to an amount not exceeding 10 times the cleaning charge of each item.
Guest's Signature_____　　　　Total Pieces _____

資料來源：作者自製。

知客人何時才會將衣物送回。

③為快洗或快燙，應以電話通知房務辦公室並請派人員立即收取，同時應提醒客人此服務必須加收50％之服務費，以避免洗後有任何爭執。

4.檢查送洗衣物：

(1)衣物之口袋是否留有東西。

(2)鈕釦有無脫落。

(3)衣物上有無污點、破洞或褪色之現象，若有此情形，務必請客人在衣物送況簽認單上簽名。

(4)若有任何配件，必須在洗衣單上註明。

5.填寫收洗客衣登記表（如**表8-5**）：

(1)日期。

(2)收洗時間。

(3)洗衣單號碼。

(4)件數。

(5)若為快洗，則需用紅筆填寫，以方便日後快速查詢。

6.入帳：房務人員必須將洗衣單送至房務辦公室，再轉交櫃檯，記在客人的帳目中。

7.注意事項：

(1)沒有洗衣單之衣物，則不予以送洗，必須將客人的衣物送回房內。

(2)針對客人的特殊衣物，事先報告主管與洗衣房，詢問是否能接受洗衣，如果在設備及相關技術上無法為客人服務時，則應清楚地向客人說明原因。

(3)客衣收出後，若房客有換房，應通知房務辦公室作變更。

(4)要告訴客人確實的收送洗衣時間，不能有誤差。

表8-5 收洗客衣登記表

敏蒂天堂飯店
Mindy Paradise Hotel
收洗客衣登記表

月　　日　　　　　　　　　　　　　　　　樓層：

房　號	時　間	單據編號	經收人	水　洗		乾　洗		燙　洗		洗衣房	客房
				普	快	普	快	普	快	簽收	經送人

資料來源：作者自製。

(5)當發現客人所交的衣服有可能損壞或洗不乾淨時，應與客人聯繫。

(二)客衣送回

在送回客人的衣物時，送衣人員會用送衣四輪車，上面掛著衣物，下面的空間可放摺好的衣物，另外，也會有客房的萬能鑰匙和一部傳呼機，以方便收送客衣。客衣送回之標準作業，茲說明如下：

1. 核對件數是否符合：與洗衣廠商確實核對是否與登記表上的件數符合，予以簽收。
2. 再次確認：送入每間房間前，必須要再確認房號、件數是否正確，方可送入房內，以避免送錯或漏送。
3. 送回方式：依客人所選擇的衣物送回方式，可分為摺疊與吊掛兩種方式。
   (1)若為摺疊的方式，送回的衣物應用塑膠袋或籃子裝好，放在床上。包裝衣物標準之注意事項如下：
      ① 襯衣要按襯衣板來摺，衣領上放紙領花並放入印刷好的塑膠袋內，膠袋的印字和領花顏色要相襯。
      ② 摺好的衣服必須用無印字的紙包好。
      ③ 安全扣針要除去，領帶要用特製的袋子裝好。
      ④ 短襪要對好和摺好。
      ⑤ 用籃子送回時，袋子上寫明「謝謝您享用我們的洗衣服務」。
   (2)若為衣架吊掛的衣物，則掛於衣櫃內，衣櫃門打開，使客人回來一看便知。包裝衣物標準之注意事項：
      ① 襯衣必須把鈕釦扣上，並用透明塑膠袋套好，用衣架掛好。

② 外衣要掛在衣架上，西褲掛在褲夾的衣架上。

③ 西裝上衣送回時，必須打開鈕釦。

④ 白色及絲質衣物應用透明塑膠袋套好。

⑤ 所有吊掛的衣物必須要有燙洗服務卡。

4.注意事項：

(1)若客房有「請勿打擾」（DND）或「反鎖」（DL）之狀態，則暫時不要送，應留下留言卡或洗衣送回通知單（如**圖**8-3），讓客人與房務部聯繫。

(2)快洗、快燙之衣物要按時交件，若客人掛「請勿打擾」或反鎖，則可致電客人請示是否可送。

(3)下班前還不能送入房內的客衣或有待處理的問題，交班時須交代清楚。

(三)修補或損壞客衣

鈕釦掉了或有小處破損，可以修補，則不用通知客人；如果客衣被損壞，必須透過值班經理立刻與客人聯繫，向客人道歉並商量賠償損壞的衣服，亦不可向客人收取洗衣費。

七、貴賓服務

對於飯店而言，常會有一些重要的貴賓住進，所以，必須提供妥善的服務，讓這些客人不但有賓至如歸的感覺，甚至能為飯店帶來更多的生意。

1.接到客房通知有貴賓要住宿時，應優先整理清掃，保持該客房的最佳狀態。

LAUNDRY DELIVERY NOTICE
洗衣送回通知單

Dear Guest,

We are pleased to inform you that your laundry is ready, please dial "8698" for Housekeeping before 11:00 p.m. for immediately delivery.

親愛的住客：

您送洗的衣物已洗好了，如您希望馬上送回您的房間，請於每日下午11時前電告分機"8698"，房務部將派人立刻送至您的房間。

謝謝您！

ROOM NO: ＿＿＿＿＿＿＿

TIME: ＿＿＿＿＿＿＿＿＿

DATE: ＿＿＿＿＿＿＿＿＿

圖8-3　洗衣送回通知單（台北亞太會館提供）

2.瞭解客人的身分,確認住宿期間是否有任何要留意的事項。

3.整理客房時,在布巾類(床單、浴巾等)的更換上,使用完好、較新的。

4.飯店特別贈送客人的禮物,需擺放在明顯的位置。

5.迎賓的水果籃旁邊,除了放置一封歡迎信(如圖8-4)或歡迎卡(如圖8-5)之外,應備有刀叉供貴賓使用。

迎賓水果籃

6.所有整理工作完成後,務必重新檢查一遍,查看是否有遺漏的地方。

7.主動詢問客人是否有其他需要服務之處。

8.在客人住宿期間,如需洗衣、擦鞋等服務時,皆要特別注意。例如,洗衣服務在送回客衣時,西服須用帶拉鍊的西服袋送回或擦鞋服務會由貼身管家(Butler)專門負責擦拭。

9.遇見客人時,應主動向客人打招呼。

10.客人搭乘電梯時,幫忙按住電梯門。

11.客人外出時,儘速完成客房的清潔打掃工作,隨時保持VIP客房的清潔。

Club

IMPERIAL HOTEL

03 November, 2000

Dear Mr. Hochi,

Welcome to the Imperial Hotel, Taipei.

We indeed appreciate your selection of our hotel and Club Floor and staff are committed to providing higher levels of personalized service, superior accommodations, upgraded facilities and amenities to our guest.

The Club is located on level 10. We offer a delicious complimentary breakfast which is available from 6:30 am to 11:00am, afternoon tea from 3:00pm, as well as evening cocktails from 6:00pm each evening.

Club guests wishing to entertain or meet with a guest or colleague who is not resident on the Club floor may do so in the Club Lounge. The number of these guests will be limited to avoid overcrowding and in order to respect the privacy of other Club guests.

Please enjoy our facilities which include the prefect atmosphere for drinks and evening snacks at the Front Page Bar. Galileo Restaurant on 2F, Italian cuisine with creative pizza, pasta and chef's daily antipasto and dessert speciality. Mahana Restaurant on 1F. All day dining restaurant featuring international fusion buffet and healthy a-la-carte selection. Kwei Hwa Restaurant on the 12F, Gastronomic Cantonese dim sum for lunch, new concept for light and healthy Cantonese cuisine. Our Executive Chef, Richard Taffs personally oversees all preparation and production.

If you require a limousine transfer to the airport, please contact the Club Lounge 24 hours before departure.

If you would like any assistance during your stay, please do not hesitate to let us know your wishes, all of our staff will be happy to be of service to you.

We do hope you enjoy your Club experience and wish you a most pleasant stay at the Imperial Hotel Taipei.

Sincerely yours,

Jacqueline Liu
Guest Relations Manager

IMPERIAL HOTEL TAIPEI

台北華國大飯店 台北市林森北路600號 600, Lin Shen North Road, Taipei 104, Taiwan R. O. C.
Tel: (886-2) 2596-5111 Fax: (886-2) 2592-7506 Website: www.imperialhotel.com.tw E-mail: taipei@imperialhotel.com.tw

圖8-4　歡迎信（台北華國大飯店提供）

With Compliments
誠摯的向您問候

General Manager
總經理

圖8-5　歡迎卡（台北華國大飯店提供）

房務小百科　　管家服務（Butler Service）

　　現代的管家為因應市場需求，而發展出數種不同的工作型態；工作場所除了任職於私人家庭外，也成為高級旅館中的貴賓服務。依照其工作職責的不同可稱之為管家、男僕（Houseman）或是家庭經理（House Management）等。除了受僱於私人或旅館的管家之外，尚有兩種不同的管家工作型態：一種是獨立管家（Freelance Butler）的工作型態，這類型的管家屬於自由工作者，提供的服務內容與僱於私人或旅館的管家一樣，不同的只是當有特殊場合或事件需要管家服務時，才提供專業的管家服務；另一種是顧問型管家（Consultant Butler），專為有錢人的奢華生活提供諮詢。

　　現代的管家除少數仍任職於富豪或貴族家庭之外，多數專業的管家已經轉入企業、旅館中服務；任職於企業中的專業管家，主要的職責是管理會議、宴會與餐飲服務；專業管家必須要能精確且有效率

的提供日常生活中的各種需求，尤其是有宴會時更要提供專業的服務（周志潔，2006）。

　　旅館中的專業管家，扮演住客與旅館溝通的橋樑，替住客整合門房（Concierge)、客房服務（Room Service）、洗衣（Laundry）與客務打掃服務（Housekeepers）等等，是具有多功能的旅館專業工作人員（Ferry, 2005；http://www.igbh.com, 2005）。

　　然而，某些旅館因為商業的考量，將所有的服務都冠管家之名，如嬰兒管家、科技管家等等；使得高級管家服務的專業形象受到不良的影響。專業的管家服務強調服務的品質，提供充滿個人獨特風格的客製化服務，但旅館中專業管家服務整樓層的住客（如：台北晶華酒店大班樓層、台北君悅大飯店等等），而且，設有專業管家服務的客房價值，也相對的高於一般客房價格。旅館中的專業管家，其功能整理如下（http://www.igbh.com, 2005）：

一、針對每位住宿於設有管家樓層的住客，提供客製化與高品質的住客服務。

二、建立住客與專業管家間的需求關係。

三、專業管家即是一位充分授權的樓層經理。

四、專業管家即是確保住客滿意的樓層負責人。

五、專業管家是一名多功能的旅館服務人員。

六、專業管家是負責住客與旅館管理階層所有主管之間，直接溝通的橋樑。

七、專業管家是旅館極具優勢的行銷工具。

八、設置專業管家是旅館簡化員工結構的機會。

　　貼身管家在飯店通常屬於客房部或是禮賓部門，主要針對重要貴賓提供貼身全天候服務，自客人入住飯店，就開始為客戶提供一切顧

客所需要的任何事務，大至人員訪客過濾，重要宴會安排，小至購買飯店無法提供的物品，管家都必需要確實完成，為入住旅客提供「one stop service」是管家的基本也是最重要的服務準則以及工作項目。

工作內容方面：基本的生活起居、餐食安排、合法所需物品購買、行程安排、交通工具安排、特殊喜好事物的事前準備及取得，簡單說就是讓客人只要透過管家，就可以達到直接取得一切所有住宿期間的各種需求。

「Butler」一詞，源自拉丁文「Buticula」，意指「拿著水瓶倒水的人」，之後被翻成法文「bouteillier」、「bouteille」，進而演變成現在用的這個字。當時只有英、法國的王室家庭或世襲的貴族及有爵位的名門才有資格正式雇用「Butler」，甚至可以說，「Butler」是貴族的老師，因為他們對服務的要求一定比主人的需要更高，對尊貴莊嚴的氣質也有更深的體會。他們被認為是奢華生活的標誌，這種奢華生活的標誌，用「比紳士還紳士，比貴族更貴族」來形容他們也並不誇張。

「Butler」，在旅館業，通常稱做是「飯店私人管家」。自客人入住飯店後，「Butler」即成為其家庭成員之一，且就開始為客人提供一切所需的任何服務。大至人員訪客過濾，重要宴會安排，小至購買飯店無法提供的物品，「Butler」都必須確實完成，為入住客人提供「one step service」。因此，「Butler」亦應較一般旅館、飯店服務人員資深、貼身，對於這個「家」週遭的生活習性、環境背景等，都需較他人有著更深入的了解，自身並要有極高的素質、豐富的生活智慧與專業素養外，甚至還需要「上知天文、下知地理」，始能幫客人應付、解決所有日常生活的瑣事。

試想，若您初次遠渡異鄉、下榻飯店之後，有了這樣一個知識稱得上淵博、素質算得上極高涵養的當地專業人士，不但熟知各種禮

儀、佳餚名菜，精通名酒鑒賞、水晶銀器等知識，並且他們還穿著雅潔的管家服、舉止優雅、嚴謹幹練的隨時維護著這個「家」的日常秩序、提昇生活品質，並為您妥善安排商務外的瑣事等等，此情此景，將讓您何等有暇它顧、專注商場上的運籌帷幄及享受尊榮。

「Butler」之貼身私人管家服務，當然是為「人」服務的。只是它的服務較為多元化，基本的生活起居、洗熨衣物、物品購買、行程或交通工具的安排，甚至包括宴客安排、人員接待、外界商家聯繫等工作。盡一切努力為客人提供更人性化及更貼近客人的綜合服務，以讓客人滿意。因此，在旅館業界，總以能提供此項服務為其經營標竿，冀望透過此種優質高效、無所不包、極盡完美的服務手段和理念，落實服務品質之全面提升，培養其深刻的服務文化內涵。惟此項讓客人只要透過「Butler」，就可以達到直接取得一切所有住宿期間各種需求的貼身全天候頂級服務，費用極為高昂。在國內，晶華則推出之大班廊、台北喜來登大飯店推出的行政管家服務（Executive Butler Service），大概就是基於類似的觀念。不過，有的飯店如福華就是用臨時編組，而不常態設立這樣的單位或是職務。

資料來源：
1. 維基百科，網站資料：
   http://en.wikipedia.org/wiki/Butler
2. 台北喜來登大飯店，網站資料：
   http://blog.yam.com/charles0714/article/6519634
3. 奇摩知識餐飲情報，網站資料：
   http://tw.knowledge.yahoo.com/question/?qid=1206042208678
4. Ferry, S.M.(2005). *Butlers and household managers:21st century professionals (5thed)*. North Charleston, SC: Book surge.
5. 周志潔（2006），〈訓練發展、評量考核與激勵因素之質化研究—台灣地區國際觀光旅館專業管家服務之個案研究〉，銘傳大學觀光研究所碩士在職專班，台北。

旅館
世界觀　　樹屋旅館

出遊樹屋度假旅館（Out 'n' About Treesort）

　　如果說住在樹屋旅館上是為了「高人一等」，這在高樓飯店林立的現代絕對不可能，如果是為了逃避野獸，當然也不對，若是為了要聽見鳥鳴、看到鳥窩，在樹屋旅館更不可能。那麼，樹屋旅館的吸引力究竟在哪裡呢？大概是因為它感覺起來比較自然純樸，而且是騰空的吧。

　　嚴格說起來，位於美國奧勒岡州塔其瑪市的「出遊樹屋度假旅館」只是以樹為基本架構，在上面搭建木造的客房，套房內設施齊全，上下也有木造階梯。以建築本身而言，條件並不算是特別好，不過「出遊樹屋度假旅館」的優點是在於它的環境。既然名為樹屋，當然是位於樹林之中，而且在大樹之間還架設有一條「樹道」，遊客可以沿著高四十五至九十英尺的懸橋走上樹頂平台欣賞風景。這所旅館安排有教授騎馬與爬樹等課程，遊客也可以自己去附近游泳、健行、騎腳踏車。

　　「出遊樹屋度假旅館」的四人套房收費一百五十美元，雙人的「孔雀房」八十五美元，浴室高五十英尺，全年開放。另有收費一百美元的雙人房位於三十七英尺高的樹上，景觀當然最佳，不過只有4月至10月開放。

資料來源：太陽王國網路事業股份有限公司。

第二節　夜床服務

　　飯店提供夜床服務，主要是為了讓客人一回到房間內，不必再掀開床罩，也不必掀開羽毛被或毛毯，就可馬上入睡。此外，亦幫客人拉上窗簾且留意浴室是否乾淨，如果客人使用過，則需加以整理，因此，飯店就有夜間的房務員來提供第二次的貼心服務。本節將介紹夜床服務並將其分為作業前、開始作業以及結束作業三個步驟。

一、作業前

　　準備夜床車，工作時段為下午三點半至四點。

1. 補足夜床車內所有的備品（例如，肥皂、洗髮精、衛生紙等），且需要另準備冰桶、早餐卡（如**圖8-6**）、晚安卡（如**圖8-7**）及一些毛巾、浴巾、踏布、夜床巾等，以方便夜床之作業。
2. 把礦泉水置於夜床車以及準備冰塊。
3. 最後把夜床車停於樓層適當處。

二、開始作業

(一)到達客人房前

1. 查看夜床報表（Turn Down Allocation Sheet）（如**表8-6**）的住宿人數、續住房或待住入房，從而瞭解房間的狀況。
2. 注意住宿人數，以便開床作業。

BREAKFAST DOOR KNOB MENU

CONTINENTAL BREAKFAST 歐陸式早餐 NTS 430 ☐

CHOICE OF FRUIT OR JUICE 任選果汁或水果

SEASONAL FRUIT 時鮮水果
- ☐ PAPAYA 木瓜　　☐ PINEAPPLE 鳳梨　　☐ BANANA 香蕉
- ☐ WATERMELON 西瓜　　☐ MIXED 綜合水果

OR 或

CHOICE OF JUICE 任選果汁
- ☐ ORANGE 柳橙　　☐ TOMATO 蕃茄　　☐ GRAPEFRUIT 葡萄柚

BEVERAGE 飲料
- ☐ REGULAR COFFEE 咖啡　☐ DECAFFEINATED COFFEE 低咖啡因咖啡　☐ TEA 茶
- ☐ HOT FRESH MILK 熱牛奶　☐ CHILLED MILK 冰牛奶　☐ HOT CHOCOLATE 熱巧克力
WITH 附
- ☐ MILK 牛奶　☐ CREAM 鮮奶油　☐ SKIMMED MILK 低脂牛奶　☐ LEMON 檸檬

CHOICE OF BAKERY 任選麵包
- ☐ FRESH BAKERY (3 PIECES) 新鮮出爐麵包 (三片)
- ☐ CROISSANT 牛角麵包　☐ DANISH 丹麥麵包　☐ BREAKFAST ROLL 小餐包
- ☐ MUFFIN 英式鬆餅　☐ TOAST 吐司　☐ MIXED 綜合麵包

AMERICAN BREAKFAST 美式早餐 NTS 470 ☐

YOUR CHOICE FROM THE CONTINENTAL BREAKFAST AND CHOICE OF EGGS
歐陸式早餐加上兩枚新鮮雞蛋，可自選烹調方式
- ☐ OMELETTE 煎蛋捲　☐ SCRAMBLED 炒蛋　☐ BOILED 水煮蛋 (　)MINUTE 熟度

FRIED EGG 煎蛋
- ☐ SUNNY SIDE UP 單面　☐ OVER EASY 雙面　☐ OVER HARD 全熟
WITH 附
- ☐ HAM 火腿　☐ BACON 培根　☐ SAUSAGE 香腸

HEALTHY BREAKFAST 健康早餐 NTS 490 ☐

SEASONAL FRUIT SALAD 什錦水果沙拉
LOW CALORIE YOGHURT 低脂優格
MIXED BAKERY BASKET 什錦麵包
BIRCHERMUESLI 燕麥

CHOICE OF EGGS 兩枚新鮮雞蛋，可自選烹調方式
- ☐ PLAIN OMELETTE 煎蛋捲　☐ BOILED 水煮蛋 (　)MINUTE 熟度
- ☐ SCRAMBLED 炒蛋

OR 或

FRIED EGG WITH ONE YOLK 健康煎蛋(蛋白兩枚蛋黃一枚)
- ☐ SUNNY SIDE UP 單面　☐ OVER EASY 雙面　☐ OVER HARD 全熟
WITH 附 / **BOILED POTATO AND STEAMED VEGETABLE** 水煮洋芋及蒸蔬菜

BEVERAGE 飲料
- ☐ REGULAR COFFEE 咖啡　☐ DECAFFEINATED COFFEE 低咖啡因咖啡　☐ TEA 茶
- ☐ HOT FRESH MILK 熱牛奶　☐ CHILLED MILK 冰牛奶　☐ HOT CHOCOLATE 熱巧克力
WITH 附
- ☐ MILK 牛奶　☐ CREAM 鮮奶油　☐ SKIMMED MILK 低脂牛奶　☐ LEMON 檸檬

A‧LA‧CARTE 單點 ☐

FRUIT JUICE 果汁 NT$150
- ☐ PINEAPPLE 鳳梨　　☐ TOMATO 蕃茄

FRESHLY SQUEEZED FRUIT JUICE 新鮮現榨果汁 NT$190
- ☐ WATERMELON 西瓜　☐ MELON 哈蜜瓜　☐ ORANGE 柳橙
- ☐ GRAPEFRUIT 葡萄柚

YOGURT 優格 NT$120
- ☐ PLAIN 原味　☐ FRUIT 水果口味　☐ LOW FAT 低脂

CEREALS 穀類 NT$120
- ☐ RICE KRISPIES 脆米　☐ CORN FLAKES 玉米脆片　☐ MUESLI 燕麥

BAKERY (3 PIECES) 麵包 NT$180 (三片)
- ☐ CROISSANTS 牛角麵包　☐ DANISH PASTRIES 丹麥麵包　☐ MUFFINS 英式鬆餅
- ☐ WHITE BREAD 白麵包　☐ BREAKFAST ROLLS 小餐包　☐ MIXED 綜合麵包
- ☐ WHOLE WHEAT BREAD 全麥麵包

TWO EGGS 二枚蛋 NT$220
- ☐ FRIED OVER EASY 雙面煎蛋　☐ SUNNY SIDE UP 單面煎蛋　☐ SCRAMBLED 炒蛋
- ☐ POACHED 水波蛋　☐ BOILED 水煮蛋 (　)MINUTE 熟度
- ☐ OMELETTE 煎蛋捲

BEVERAGE 飲料 NT$130
- ☐ REGULAR COFFEE 咖啡　☐ DECAFFEINATED COFFEE 低咖啡因咖啡　☐ TEA 茶
- ☐ HOT FRESH MILK 熱牛奶　☐ CHILLED MILK 冰牛奶　☐ HOT CHOCOLATE 熱巧克力
WITH 附
- ☐ MILK 牛奶　☐ CREAM 鮮奶油　☐ SKIMMED MILK 低脂牛奶　☐ LEMON 檸檬

PLEASE ADVISE IF YOU REQUIRE
請告知用餐時您需要奶油、植物油或果醬來搭配
- ☐ BUTTER 牛油　☐ MARGARINE 植物油　☐ PRESERVES 果醬

ALL PRICES ARE INCLUSIVE OF 5% VAT AND SUBJECT TO 10% SERVICE CHARGE
所有價格皆內含百分之五加值營業稅另加百分之十服務費

YOUR PREFERED SERVICE TIME 供應時間 ☐

6:00-6:15	7:00-7:15	8:00-8:15	9:00-9:15	10:00-10:15
6:15-6:30	7:15-7:30	8:15-8:30	9:15-9:30	10:15-10:30
6:30-6:45	7:30-7:45	8:30-8:45	9:30-9:45	OTHER _____
6:45-7:00	7:45-8:00	8:45-9:00	9:45-10:00	

ROOM NUMBER _____　　DATE _____

GUEST'S NAME (IN PRINT) _____

GUEST SIGNATURE _____

PLEASE HANG OUTSIDE THE DOOR KNOB BEFORE 3:00 AM.
請於凌晨三點前掛在房門手把上

圖8-6　早餐卡（台北華國大飯店提供）

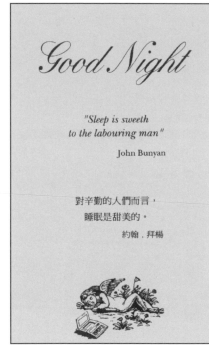

圖8-7　晚安卡（台北華國大飯店提供）

(二)敲門

1.先按門鈴，再將手握拳以中指關節處輕敲房門三下。

2.報出「Turn Down Service」（夜床服務）。

3.等候客人回應。

4.若房客在房內，則應告知來意，並等候客人開門，方可進入房內作業。

5.若房客在房內，表示不需夜床服務（No Night Service），則必須在夜床報表上註明NNS（不用開夜床）。

表8-6 夜床報表

IMPERIAL HOTEL
Taipei
台北華國大飯店

TURN DOWN ALLOCATION SHEET

FLOOR（樓層）：　　　　NAME（姓名）：　　　　DATE（日期）：

RM. NO. 房號	PAX 人數	TIME IN 進房時間	OCC 住房	EXP. ARR. 待住入	DND 勿打擾	D./L. 反鎖	REMARKS 備註	RM. NO. 房號	PAX 人數	TIME IN 進房時間	OCC 住房	EXP. ARR. 待住入	DND 勿打擾	D./L. 反鎖	REMARKS 備註

資料來源：台北華國大飯店。

6.若等候大約六秒後客人無應答,則再按一次門鈴並報出「Turn Down Service」,即可開門進入房內作業。

7.若發現有反鎖狀態,則將房門輕輕關上,並在門縫下放入一張夜床服務卡(如圖8-8),之後在夜床報表上的DL欄中註明「✔」。

8.若客人掛DND,表示請勿打擾的狀態,則在門縫下放入一張夜床服務卡,並於夜床報表上的DND欄中註明「✔」。

(三)放入鑰匙卡、開燈

1.若是鑰匙卡,則在房間入口處插入鑰匙卡,使所有的燈亮起,以再

開夜床服務
TURNDOWN SERVICE

For turndown service,
please contact Housekeeping at extension 7
Thank you and we wish you
an enjoyable stay with as.

如需開夜床服務,請以分機7
與房務部聯絡,祝您住宿愉快。

ベッド メーキングご希望の方は、
ハウスキーピング(内線7)にご連絡下さい。
どうぞ、ごゆっくりおくつろぎください。

敏蒂天堂飯店
Mindy Paradise Hotel

圖8-8　夜床服務卡

資料來源:作者自製。

次確定電燈的狀態是否良好，亦方便夜床之作業。

2.若為鑰匙鎖，則應將所有的電燈打開，以再次確定電燈的狀態是否良好。

(四)整理房間

1.若發現房間狀況與夜床報表上填寫的資料異常，必須立即告知夜間主任。

2.若房客有點客房餐飲服務，則需先將餐車或餐盤移出至員工電梯旁之服務區。

3.查看客房及浴室是否有垃圾要清理。

4.清洗煙灰缸、髒玻璃杯及咖啡杯等客人使用過的器具，並擦乾後歸位。

5.整理雜項物品（例如，將客人衣物摺疊整齊或掛好、將書報擺放整齊等等）。

6.檢查文具夾及其他備品，若有不足，應予補充至標準量。

(五)開夜床

1.掀開床罩，摺疊整齊，放置於衣櫥內，若衣櫥滿置客人的物品，則可將床罩放於床頭櫃內或電視櫃的抽屜內。

2.依各飯店之規定，可將夜床開成30°之斜角或90°之直角。

(1)雙人單床、一個人住時：靠近電話的那方，將羽毛被開成30°之斜角，並將早餐卡、晚安卡及晚安糖置於羽毛被摺角適當位置上。

(2)雙人單床、兩個人住時：以床為中心線，將兩側床單各開一角，並將早餐卡、晚安卡及晚安糖置於兩角摺疊處的中央。

(3)雙人床、一個人住時：開床的方向，有的飯店是開靠浴室那

方，有些則是開靠窗簾的那方，再將早餐卡、晚安卡及晚安糖置於摺角處適當位置上。

　　(4)雙人床、兩個人住時：將兩小床的羽毛被開成30°之斜角，並將早餐卡、晚安卡及晚安糖置於摺角處適當位置上。

3.再次確認床單是否有拉平及枕頭是否擺放整齊。

4.若為套房的房間，則需在床邊地毯上鋪夜床巾，並將拖鞋擺在夜床巾上面，即可。

(六)關閉厚窗簾

　　夜床服務時必須將窗簾拉上勿留縫隙，亦勿重疊，以避免隔日天亮時陽光直接照入房內而影響客人的睡眠。

(七)整理浴室

1.更換客人使用過的浴巾、毛巾等等，若有必要時浴缸或馬桶亦必須稍加清洗。

2.若浴室備品（例如，衛生紙、肥皂等）不足時，應予補充至標準量。

3.整理完浴室後，關閉浴室燈光。

(八)保留燈光

　　保留規定開啟的燈光（化妝燈、床頭小亮燈為主），將多餘的燈光關閉以方便客人。

(九)退出房間

　　在退出房間之前一定要再做最後檢查之動作，才可將房門關上，而關上房門後，還要再將門回推一下，確定是否已上鎖。

(十)填寫夜床報表及房間狀況確認單

1. 必須在夜床報表上填寫進房時間：每間房間都必須確實地填寫進房之實際時間，以為日後追查之依據，切記，必須做完一間填寫一間，不能於工作結束後一起填寫。

2. 必須在房間狀況確認單（Room Status Check List）（如**表8-7**）上填寫房間狀況：依每間房間之狀況的不同而加以註明，亦要做完一間填寫一間，不能於工作結束後一起填寫。

   (1)若此房是空房，則在房間狀況確認單的VC欄註明「✔」。

   (2)若開夜床途中，發現報表上註明空房但房間電燈是亮著，必須致電房務領班問明此房間狀況，確定此房間是否有臨時遷入，如是空房，即可輕刷房門進入房內，有可能是早上打掃房間時鑰匙卡忘了抽起或電燈忘了關。

   (3)若此房間在夜床報表上註明是空房，但房間內卻有行李，此時，則需在BA欄中註明「✔」（可能是臨時又增加的房間）。

   (4)若此房間在夜床報表上註明是續住房，但房間內沒有任何行李時，致電夜間領班問明此房是否已退房，若是退房，則註明C/O，若是續住房，則在BA欄中註明「×」，表示房內沒行李。

   (5)若此房間為「請勿打擾」，則在DD欄上註明「✔」。

   (6)若此房間為「反鎖」狀態，則需在DL欄上註明「✔」。

   (7)若客人表示不需夜床服務，則需在夜床報表上註明「NNS」

   (8)若整理夜床時發現房間內有裝備損壞，應於夜床報表上註明，以免忘掉或記錯房號，等工作結束後再作報修。

三、結束作業

1. 在作完所有房間之夜床服務後，必須再檢查一次「請勿打擾」及

表8-7　房間狀況確認單

ROOM STATUS CHECK LIST									
FLOOR:									
							DATE:		
NO.	BA	VC	DD	DL	NO.	BA	VC	DD	DL
1					21				
2					22				
3					23				
4					24				
5					25				
6					26				
7					27				
8					28				
9					29				
10					30				
11					31				
12					32				
13					33				
14					34				
15					35				
16					36				
17					37				
18					38				
19					39				
20					40				
NAME:									

資料來源：台北華國大飯店。

「反鎖」的房間是否有狀況改變（例如，是否臨時又需做夜床服務）。

2.將夜床車及有關配備歸回定位後，回報房務辦公室並繳回工作分配單。

夜床服務處理程序整理如圖8-9。

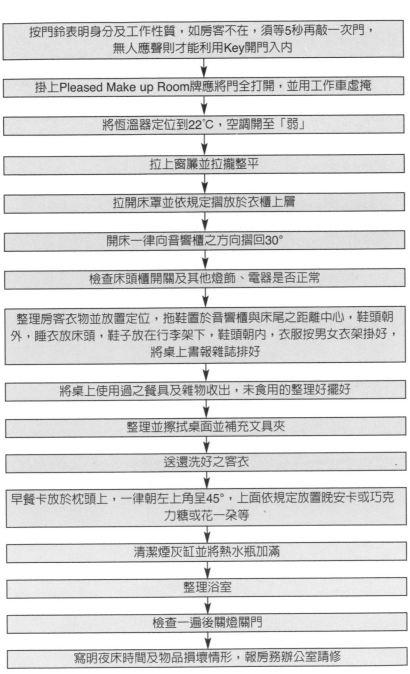

按門鈴表明身分及工作性質，如房客不在，須等5秒再敲一次門，無人應聲則才能利用Key開門入內

掛上Pleased Make up Room牌應將門全打開，並用工作車虛掩

將恆溫器定位到22℃，空調開至「弱」

拉上窗簾並拉攏整平

拉開床罩並依規定摺放於衣櫃上層

開床一律向音響櫃之方向摺回30°

檢查床頭櫃開關及其他燈飾、電器是否正常

整理房客衣物並放置定位，拖鞋置於音響櫃與床尾之距離中心，鞋頭朝外，睡衣放床頭，鞋子放在行李架下，鞋頭朝內，衣服按男女衣架掛好，將桌上書報雜誌排好

將桌上使用過之餐具及雜物收出，未食用的整理好擺好

整理並擦拭桌面並補充文具夾

送還洗好之客衣

早餐卡放於枕頭上，一律朝左上角呈45°，上面依規定放置晚安卡或巧克力糖或花一朵等

清潔煙灰缸並將熱水瓶加滿

整理浴室

檢查一遍後關燈關門

寫明夜床時間及物品損壞情形，報房務辦公室請修

圖8-9　Turn Down Service處理程序

資料來源：作者整理。

專欄 熨斗、燙馬借用處理

一、步驟

1. 選取一個熨斗及燙馬。
2. 清潔熨斗。
3. 送至客房。
4. 登錄借用情形。
5. 跟催、收回。

二、標準

1. 乾淨，無故障或漏水，燙馬布巾潔淨。
2. 拭去灰塵及污垢並倒掉剩水。
3. 置於浴室前倚牆而立，若應客人要求，可將燙馬展平，熨斗放於架上。
4. 確實記載借用的房號及欲借用至何時。
5. 於接到通知時至客房取回，清潔後歸回原位。

三、注意事項

1. 平時熨斗、燙馬的借用、房號均應確實登錄於白板上，以利數量控制。
2. 平時將熨斗、燙馬保持清潔，如有借用時較不費時。
3. 送入客房時，若客人在，可徵詢何時方便取回，以利流通運用。

房務小百科　　小冰箱

　　冰箱內溫度應保持在10℃以下，所以冰箱調溫器旋鈕在冬季時轉至「1」字，夏季調至「4」的位置。意外情況下，當剛停機後不可立即啟動，需等待五分鐘以上，以免燒壞壓縮機。同時，注意冰箱應距牆壁0.5公尺以上，以保證箱體周圍空氣流暢。此外，亦要定期清潔冰箱內部，冰箱在使用一段時間後，要把冰箱內的東西拿出來，替冰箱作清潔，而且最好是每隔兩星期用酒精擦拭冰箱，以達到消毒的功效和避免滋生細菌。

冰箱部位名稱	保養清理方法
冰箱表面	清潔冰箱時先切斷電源，用軟布蘸上清水或食具洗潔精，輕輕擦洗，然後蘸清水將洗潔精拭去。且為防止損害箱外塗敷層和箱內塑料零件，請勿用洗衣粉、去污粉、滑石粉、鹼性洗滌劑、天那水、開水、油類、刷子等清洗冰箱。並且在清潔完畢後，將電源插頭牢牢插好，檢查溫度控制器是否設定在正確位置。
鏡面鋼板	可以用中性洗碗精或者汽車專用蠟來擦拭。
門上的密封條	可以用酒精浸過的乾布擦拭密封條，效果最佳。
箱內附件	應拆下用清水或洗潔精清洗。
電氣零件表面	應用乾布擦拭。

故障處	故障處理方法
指示燈	1.若不亮時，應轉動插座內的燈泡，檢查接觸是否良好，再檢查開關是否卡住，如均正常而燈不亮，表示應更換燈泡。 2.若一直亮著，在檢修前應先旋下燈泡。
箱門下垂	可擰緊箱門鉸鏈。
冷度效果不佳	可以調節冰箱的溫度控制器，它可以用來調節冰箱內的制冷溫度。溫度控制器旋鈕上的數字1、2、3、4等，只作溫度調節的相對參考，並不代表冰箱內的實際溫度，箱內的實際溫度要用溫度計來測量。

故障處	故障處理方法
冷度效果不佳	1.環境溫度不變的情況下：溫度控制器僅控制冷藏室的溫度，目的在於確保冷藏室溫度不至於低於0℃，以免凍壞冷藏物品。應根據箱內儲存的不同物品，調節箱內溫度。當要求溫度低時，可將旋鈕盤面上較大的數字對準標記符號。當要求溫度高時，用較小的數字對準標記符號。但須注意，冷藏室最低溫度不得低於0℃。
	2.環境溫度有明顯變化的情況下：對於直冷式冰箱，當環境溫度低於15℃時，標記應對準最小的數字；15-25℃時，對準較小的數字；25-30℃時，對準中間的數字；30-40℃時，對準較大的數字；高於40℃時，對準最大的數字為宜。
異味的去除	首先把酒精和水以7：3比率中和成稀薄溶液並倒入噴霧器中，接著以邊噴邊擦的方式把冰箱內部一吋也不放過地拭淨，接著可以用舊牙刷清除死角的污垢。
除霜	1.先將電源切掉，將冷凍庫的食物先取出，再將裝滿熱水的鍋子放入冷凍庫，加速其結霜的部分融化，接著再以乾布將濕氣擦乾即可。
	2.按電冰箱冷藏室的尺寸，剪一塊稍厚的塑料薄膜，貼於冷藏室結霜壁上，不用任何膠，一貼即成。除霜時，將冷藏室的食物暫時取出，再把塑料薄膜揭下抖動一下，冰霜即可全部脫落，然後重新貼一薄膜，放進東西，繼續使用。

資料來源：作者整理。

第三節 個案探討與問題分析

一、房務個案

(一)保險箱裡的珍珠項鍊

志村溅：三十八歲，1109號房房客，台灣某名牌珠寶的總經理

Ms.湯：三十二歲，在職五年，房務部主任

Echo：三十三歲，房務員，在職二年

今晚外頭又飄起綿綿細雨，習慣性地發呆，望著落地窗外的雲霧冉冉升起，不著痕跡地越過山丘原野。輕輕地往唇邊遞送一杯熱牛奶，突然想起昨天志村濺已經回了日本，今天一早還聽說他將一件價值連城的珍珠項鍊遺忘在客房的保險櫃中。

他愛好珠寶的程度，比女人還可怕！其實外表看似精明的他，卻是十分地迷糊！得知他忘了東西並不訝異。當志村濺知道惜之如命的珍珠項鍊留在飯店的保險箱時，便趕緊打電話給房務經理，請飯店務必為他找回並暫時代為保管。

「是的……，好……，好，是，我知道了，我們會馬上找，有消息我會馬上和您聯絡……，好，那就這樣。」HK主任Ms.湯在辦公室裡接到客務部經理的來電，經理特別交代這是相當重要的珠寶，於是主任馬上聯絡房務員Echo（當時整理該客房的房務員）一同到客房找尋，但卻仍舊一無所獲。

「摩西摩西，我是志村濺，請問找到我的項鍊了嗎？……沒有嗎？我確實將珠寶放到保險箱的，這是非常肯定的……麻煩你們再找清楚一些好嗎？……是的，這是我明年初要和女朋友結婚用的珠寶，……拜託你們了……」第二天志村濺以非常堅定的態度告訴飯店，他的珍珠項鍊遺留在保險櫃裡。故房務部主任除了報告房務部經理外，又回客房繼續找，這次連垃圾袋、床底、所有的布巾類以及浴袍口袋都翻過了，但主任的回答仍然令志村濺相當著急。但他十分肯定是在1109號房裡的保險櫃，而房務部經理得知此事，也加入尋找的行列，最後房務部經理才赫然發現它原來是掉落在保險櫃的門縫裡。

找到項鍊時，房務部經理相當快速地撥了通電話給志村先生。

「志村先生您好，您所說的項鍊可否請您形容一下樣式好嗎？……

是，是，是，您的項鍊我想已經找回了，請問您什麼時候方便回來拿取呢？」

「兩個星期後我還須出差一趟，屆時還會到飯店住宿，我想就兩星期後再拿吧！」

「是的，志村先生，我會將您的珠寶放入我們的保險箱裡妥為保管的，請您放心，並請您下次住房時，至櫃檯拿取您的珠寶。」

「兜摩……，撒呦納拉。」

(二)房客送醫事件

> 冷靜心：作家，年齡不詳
> 李晨琪：冷靜心的學生，目前為學校寒假期間（暱稱小琪）
> Julia：四十三歲，房務員，在職三年

我（冷靜心）和小琪分住在觀星樓的兩間客房，由於我習慣一個人生活，因此小琪也就「順其自然」地訂了另一離我稍遠的樓層。

前天已經趕完年度計畫的進度了，回想當我躺在玫瑰香氛的按摩浴缸裡時，累得不只是像條狗而已，那模樣更像是躺在泡水的十字棺材裡的——木乃伊。冬天的天氣讓我不得不敗倒在溫暖的羽毛被裡——整整一天半的時間，這段時間就由小琪幫我處理公事上的繁瑣問題，直到今天下午快三點時我才起床。待在暖氣房的時間一久，早忘了天氣已經回到「冰點」，迷迷糊糊地泡完澡後，穿著運動褲加上T恤，隨性就往飯店外頭慢跑去了，當然一副墨鏡是我的必備裝扮。

才一出大廳就出師不利，噴嚏連連，淚水在無神又泛紅的雙眼裡持續氾濫，但是，我仍然像個頑劣的孩子般堅持，太過逞強的結果就是臉色像被雷劈到般的「青筍筍」。因為習慣性一跑就是六公里，不管天氣的好壞我依然如此堅持，因此從一進飯店的門衛、F/O經理，一直到Julia（Room Maid），都相當驚訝。

慢跑完後似乎感冒了，繼續又到我的按摩浴缸裡泡著，好笑的是居然就這麼喘起來了。由於氣管擴張劑太久沒拿出來用，也忘了放在哪裡，我想休息一會兒就自然會好了，便樂觀地用睡覺來療養。但似乎這氣喘並不放過我，反而更嚴重了，即便如此，我依然漠視它的力量。後來小琪聽說我回飯店時的狼狽模樣，便來查看情況，剛好Julia也一同到客房開夜床。可是，由於日前我趕稿時怕干擾思考便將電話線拔起，進門時又順道上了反鎖，因此——

終於開了房門，一進房間小琪二話不說便狂叫起來，「啊！老師妳怎麼臉紅成這樣！妳……妳……妳，我……我……」她盯著我看，結巴了。

我扯出一抹極「尷尬」、又看起來像在哭的微笑，試圖止住她已經結巴的呆樣，想讓她安心，但顯然地並未達到任何效果，一旁的Julia趕緊打了通電話給櫃檯，請求調派醫護人員送我到急診室急救，這下我更「尷尬」了。

從醫院掛急診回來好些日子了，面對小琪還真感到無奈啊！

二、問題與討論

1. 請問在整理房間時，應該注意哪些角落，以防客人有遺失物留下而未發現？
2. 請問房務員若發現客人的遺失物，應該如何處理？
3. 請問您值班時，若遇見客人面色「青筍筍」，您會怎麼處理？
4. 在處理類似房務個案(二)的案件時，因鄰近的房客剛好遇上，主動想幫忙，如果您是飯店人員，您應如何處理才妥當？
5. 請問飯店該如何處理類似房務個案(二)中的突發事件？
6. 請問飯店人員應如何處理客人反鎖於客房內的事件？

Chapter 9

顧客檔案建立

本 章 重 點

顧客抱怨處理
　　常見的抱怨事項
　　處理的態度
　　處理的標準作業程序
　　投訴方式

瞭解顧客習性
　　世界各國特殊習性及禁忌
　　瞭解各宗教禁忌
　　瞭解顧客習性的方式

個案探討與問題分析

永遠扮演你的角色——那麼你想成為什麼人就成為什麼人。

——Max Reinhardt

商業發達、交通便利，為了因應愈來愈大的住房需求，飯店陸陸續續地一間接著一間地開幕，比的是豪華氣派，比的是服務品質，雖然吸引了不少顧客，但也因顧客嚐新的心態，所以一旦有其他更大、更新的飯店，顧客便不加思索地選擇新飯店。如何避免這樣的情況？如何讓顧客在需要住房時就會直接地想到本飯店呢？答案就是抓住顧客的心。

何謂抓住顧客的心？簡單地說就是在顧客的需求產生時，適時地予以滿足，甚至有些飯店更推出了貼心服務，針對每位來飯店的房客建立顧客資料，除了可以管理顧客的基本資料外，基本上，也是銷售機會、接觸管理的另一個窗口，以方便查閱該顧客的所有相關資料。而當房客的資料建立後，則在該顧客下次住宿飯店時，不用顧客開口，就已滿足了他的需求，讓顧客感到窩心以及被尊重，這種方式不只是增加了住房率，也讓飯店的形象相對地提升，並使其他飯店同業陸續跟進。

飯店是一個小小的國際村，住宿的客人來自世界各地，正因為顧客的國籍、風俗民情不同，因此對服務品質的要求必然有所差異。當顧客對飯店的服務提出抱怨及意見時，其實這也表示顧客願意給飯店一次機會，讓我們有再次為他服務的機會，因此抱怨發生後顧客資料的建檔非常重要，除了不讓顧客抱怨再次發生之外，也代表著飯店非常重視顧客感受，所以在瞭解了當時抱怨處理之情況及該顧客的習性後，才能將顧客的資料完整建檔，以利日後查詢，並藉由顧客抱怨進而改善服務缺失，提供更貼心、更人性化的服務。本章分三部分說明，首先介紹顧客抱怨處理；其次為瞭解顧客習性；最後則為個案探討與問題分析。

 第一節　顧客抱怨處理

　　飯店無論在服務素質上下了多少功夫，總還會接到顧客的抱怨。由於顧客來自四面八方，國籍不同，每一個顧客都有著不同的生活方式和習慣，再加上當時顧客的心情，這會導致不同的感受，但不管這些抱怨的原因是什麼，飯店對每一個抱怨都要非常的重視，要做徹底調查研究，從而加以改善，儘量做到使顧客滿意。而若顧客的需求沒有得到適切的滿足或未得到預期中應有的待遇時，會提出抱怨；服務人員積極的態度及迅速有效的行動，往往會讓顧客留下良好的印象，使顧客仍願再度光臨。

一、常見的抱怨事項

　　房務部最易被顧客抱怨的事項有下列幾點：

　　1.太遲整理顧客的房間。
　　2.房間不清潔。
　　3.住客受到打擾。
　　4.房間設備損毀，如電視、廁所等。
　　5.房間用品不足。
　　6.住客的遺失物無法領回。
　　7.房務員不禮貌。

二、處理的態度

　　抱怨處理時的態度有幾項要點，茲說明如下：

1. 保持冷靜的態度，不要將聲音提高。
2. 表現關切之態度，願意幫助顧客。
3. 表現瞭解顧客的困難，讓顧客知道你會處理。
4. 不論顧客對錯，不要與顧客爭議。

三、處理的標準作業程序

抱怨處理時應按照飯店的標準作業程序一步一步來處理，茲說明如下：

1. 對顧客之抱怨表示道歉，並予以同情。
2. 注意聆聽顧客的問題，不要插嘴。
3. 仔細聽顧客講完整件事情。
4. 同意顧客的說法。
5. 不要輕易答應顧客的要求。
6. 告知顧客自己的作法，並給顧客一個提議。
7. 說顧客有興趣的事，如此可幫助顧客接受自己的建議。
8. 最後要謝謝顧客提出抱怨，使得我們能加以改進，並保證以後不會再發生。
9. 記錄下抱怨的經過，並做為日後改進的參考，亦可以作為個案探討的題材，讓員工瞭解部門運作原則及公司的待客之道。

四、投訴方式

投訴的方式可分電話投訴、致函投訴和住客面對面地向大廳副理、經理、客務主任或房務領班投訴，茲說明如下：

(一)電話投訴

每當接到電話投訴時，應該注意以下幾點：

1.要表達對問題的重視與關心，告訴顧客他們的寶貴意見會向管理當局彙報。
2.要友善、熱誠及有禮貌。
3.保持客觀的態度。
4.要細聲說話並保持鎮靜。
5.要注意時間、姓名、房號、投訴內容及處理方式。

(二)函件投訴

當我們接到函件的投訴時，應注意以下幾點：

1.首先看清楚來函的投訴內容。
2.尋找該住客的入住資料。
3.找出被投訴的有關工作人員及設備。
4.與被投訴的員工面談。
5.查明真相後，如果是員工失職，須作出適當的紀律處分。
6.通知客房部覆信向顧客道歉。
7.記錄時間、姓名、房號、投訴的內容及處理方法。

(三)面對面投訴

當房客當面向我們抱怨投訴時，應該注意以下幾點：

1.首先我們應瞭解顧客都希望在離開飯店前，問題能夠得到解決。
2.專心聆聽，留意顧客的表情及所投訴的事情。
3.須表現熱忱、友善、關心及願意協助。

旅館世界觀　鑽石崖酒店

名為懸崖當地最高，視野寬闊了無遮攔

以懸崖（Cliff）高地形作為酒店名稱的鑽石崖酒店，正如其他同樣標榜Cliff的度假酒店，具有視野了無遮攔的優勢。事實上，這類型的酒店，像巴里島最被各國元首、政要、名人指名投宿，前總統李登輝巴里行曾投宿於此的巴里崖（Bali Cliff）；泰國芭達雅以高於傳統五星級酒店的「六星級」皇家懸崖酒店（Royal Cliff）對外宣傳，「懸崖」一樣，當地最「高」。作為普吉唯一以「Cliff」命名的鑽石崖酒店，何以無法與其他「懸崖」酒店排名普吉高檔酒店之最，主要是酒店開幕甚早，1988年即完工使用，而普吉是世界知名酒店兵家必爭之地，鑽石崖的「舊」，自然難以跟後繼的國際級「新貴」酒店抗衡，光芒漸失。有鑑於此，鑽石崖酒店才另外撥巨款興建新館，以強化旅館設施，事實上，以它目前的條件，早已符合普吉的高檔酒店。

地形錯落有致，遠眺安達曼海

鑽石崖是由數棟藍白牆建築群構築的酒店，建築物普遍只有四層樓高度，依山坡地形錯落有致，房間以遠眺安達曼海（Andaman Sea）為主，標準房即擁有四十至四十五平方公尺的空間，寬敞而舒適。為了讓住客感受來自安達曼海的微風，每個房間都有寬敞的陽台。陽台上另置休閒椅桌，方便室外眺景。為營造更高級酒店而興建的Grand Wing住宿新館，設立在旅館最高的坡地上，遠眺角度更無遮攔，一百零八間房間更全數以類似客廳的套房（Suite）式設計，「大」是其訴求，在設計上亦屬高級不俗。

新館客房設計用心，浴室更具浪漫特色

鑽石崖的新館客房，每間最少有七十平方公尺，住房和浴室明顯區隔，其中住房有五十平方公尺，各有明亮的自然採光。作為一般套房的客廳，設計在靠近陽台的地方，占用陽台一半空間，靠窗的部分以柚木設計

成可坐、可臥的固定式長條靠椅，人多時可作單人床使用。新館的
浴室更值得一提，長條形的空間，廁所、淋浴間、洗臉檯及泡澡池
各自獨立，使用時互不干擾，而更衣間的地板全部以柚木為主，觸
感很好，至於泡澡池的區域，因係貼窗而置，令人有面對安曼海洗
澡的閒適。入夜時，入內只點蠟燭泡澡，更具浪漫氣息。

資料來源：明泰旅行社股份有限公司（2009）。

4.記錄投訴的內容。

5.勿胡亂解釋及中途打斷顧客的話。

6.留下顧客的姓名、電話號碼，令他更為安心。

7.誠心誠意地幫顧客解決問題。

8.切忌在公眾場合處理投訴問題，應引領顧客到寧靜舒適的地方。

 第二節　瞭解顧客習性

　　在國際化、地球村的時代，飯店所面對的不再只有本國人，而是來
自各國的各色人種，所以身為旅館的從業人員對於世界各國的習性、禁
忌以及宗教等均應有相當程度的瞭解，以避免因國情的差異而造成不必
要的誤解或爭執。例如，有些教徒每到固定的時辰必會跪地膜拜，雖然
我們無法理解宗教對他們的重要意義，但房務員在清掃房間或夜床服務
時若看到顧客正在進行某些宗教儀式，也就先不打擾房客，等稍後再進
行服務，而且對於房客的行為舉動也就較能接受了。此外，也可由某些
方式來瞭解顧客之習性，如藉由訂房資料、顧客歷史資料或房內現況擺
設等來瞭解顧客的習性。

一、世界各國特殊習性及禁忌

俗話說，「入鄉隨俗，禮多人不怪」。所以，多瞭解異國的一些特殊習性及禁忌，或許對您有所助益。

(一)世界各國特殊習性

以下之實例將有助於瞭解世界各國顧客之習性，茲說明如下：

1. 若房客為歐美人士，他們在睡前大都有喝杯睡前酒或是吃塊巧克力或糖果的習慣，藉以幫助睡眠。
2. 若房客為美國人士，他們早上起床時有喝咖啡的習慣，他們認為一早若是喝到冷咖啡是不吉祥的。
3. 若房客為中東人士，因為中東地區的人民大多是虔誠的伊斯蘭教信仰者，而他們在每天特定的時間都要向真神阿拉朝拜，所以不可在中午或是傍晚時分去打掃房間，或是因其他事情去打擾到顧客，以免觸怒顧客。
4. 若房客為日本人士，那麼我們在放置迎賓花時，就必須盡可能地放置白色的花，因為一般日本人較喜愛白色的花相伴。

(二)世界各國特殊禁忌

世界各國的人們在日常生活中有許多傳統的忌諱，所以多作些瞭解將對您有所助益，以下之實例將有助於瞭解世界各國之特殊禁忌，就以洲來作區分，茲說明如下：

1. 亞洲：
   (1)日本：
   ① 在日常生活中，忌用「4」、「6」、「9」、「42」數字或數

量的禮品。日本人認為這些數字是不吉利的。

② 忌用梳子作為禮品，因日文梳子的發音與「苦死」相同。而飯店等服務業也嚴忌主動擺出梳子讓顧客使用。

(2)韓國：

① 非常講究禮儀，在長輩面前不要戴墨鏡，不能抽煙。

② 接受物品要用雙手，不要當面打開禮物。

③ 韓國人一般不用紅色的筆寫自己的名字，因為寫死人的名字時是用紅色記載的。

④ 在吃飯的時候出聲在韓國是很不禮貌的行為。

⑤ 韓國人喜歡單數，不喜歡雙數。例如，飲茶或飲酒時，忌飲雙壺、雙杯或雙碗。在待客時，主人總是以1、3、5、7的數目單位來敬酒、獻茶、布菜，並避免以雙數停杯罷盞。奉送禮金要用白色的禮袋，而不是紅色的。

⑥ 韓國人對「4」字非常反感。例如，當地的許多樓房編號、醫院和軍隊中以及飲茶或飲酒時，都避開「4」這個數字，如「4壺」、「4杯」、「4碗」等等。

(3)泰國：

① 不要撫摸小孩子的頭，因為據說小孩子的頭巾住著靈魂，不能隨便亂摸。

② 進入寺廟要脫鞋。

③ 女性避免碰觸僧侶。

④ 遇見僧侶要禮讓，因非常尊敬僧侶，所以不能和他們嘻笑地說話。

⑤ 在公眾場所不要玩撲克牌。

(4)馬來西亞：

① 以食指指人是一件不禮貌的行為，最好以拇指代替。

　　　② 勿觸摸小孩子的頭。

　　　③ 用右手取食。

　(5)新加坡：

　　　① 對隨手亂丟垃圾者，加以重重地罰款。

　　　② 禁止男性留長髮。

　　　③ 嚴禁說恭禧發財。

2.歐洲：忌談金錢、價值及私人問題；忌送菊花，以免讓人聯想到死亡；送紅玫瑰雙數或十三朵都代表不祥。

　(1)法國：探病忌送康乃馨，代表有詛咒的意味。

　(2)德國：忌談二次世界大戰。

　(3)義大利：較不注意守時觀念，重視午餐，習性和中南美洲較類似。

3.美洲：

　(1)忌探人隱私，談妥的事情不會隨意更改，尤其在數字方面。

　(2)注意時間觀念，要求快速準確。

　(3)注重早餐及晚餐，在早餐時排滿約會，午餐較簡單，大約四十分鐘解決。

　(4)穩重地與對方握手和對望，表示其誠意。

4.南美洲：忌談政治及宗教問題。

　(1)墨西哥：

　　　① 紫色代表死亡，所以視紫色為不祥之顏色，應儘量避免。

　　　② 禁止在公共場所（例如，公園或海岸等）喝酒。

　(2)巴西：

　　　① 不要隨便比OK的手勢，表示不禮貌。

　　　② 比較沒有守時的觀念，相約遲到三十分鐘不應該感到意外。

　　　③ 較熱情，見面時相互擁抱，女士則親臉頰。

④ 主餐是在中午，可從下午一點吃到四點；晚餐大都從九點開始。

5.非洲：在非洲不隨便對人拍照。

　(1)阿爾及利亞：如果握手握得有氣無力，會被視為不夠禮貌。

　(2)衣索比亞：與當地人交談時，不可目不轉睛地瞪著對方，否則會被認為是災禍或死神將至。

二、瞭解各宗教禁忌

　　世界上有各種不同的宗教，其宗教所訂定的教條，更是虔誠的教徒所不可違背的。因此，瞭解其宗教禁忌後，便可在進行服務時，避免不必要的誤會發生：

(一)佛教

　　如泰國為小乘佛教、西藏為密宗，雖然源流相同但教義及戒律不盡相同；女性嚴禁觸碰僧侶的身體。

(二)基督教

　　分為天主教及耶穌教等教派，不能混為一談。

(三)印度教

　　不吃牛肉，左手是不乾淨的手，不能用左手接觸他人身體及拿東西給人。

(四)回教

　　不能飲酒，不吃豬肉，女性不可露出肌膚，左手是不乾淨的手。

專欄 **禮拜時間**

　　各國穆斯林都把禮拜當做生活中的大事。按照伊斯蘭教教規，每日禮拜要進行五次。房務人員若知道禮拜時間，就可避開此時段，以避免打擾客人。

　　第一次為「晨禮」，時為日出之前；
　　第二次為「響禮」，時為午飯之後；
　　第三次為「晡禮」，時為下午五點；
　　第四次為「昏禮」，時為日落之後；
　　第五次為「宵禮」，時為晚寢之前。

　　每星期五，穆斯林還要到清真寺舉行「聚禮」。每到禮拜之時，穆斯林的一切活動都要停止，並朝著麥加城方向頂禮膜拜，虔誠祈禱。

(五)伊斯蘭教

　　國內清真寺就是伊斯蘭教的寺廟。禁食含有酒精成分的東西，包括酒類、一些軟性飲料或是含有酒精成分的糕餅，至於香水自然是不能使用；動物脂肪也在禁絕之列，市場上的起司、奶油如非植物性，一律不准食用；其他肉食動物如獅子、老虎甚至鳥類，只要是依賴肉食生存者都不可食；豬肉與豬肉製品更是禁忌，絕對不能吃。至於國外進口的東西，若沒有通過伊斯蘭學家的認定，全部列為不可食。對食物的來源和成分只要存有一絲的懷疑與不信任，最好的方法就是不要碰觸。

三、瞭解顧客習性的方式

　　瞭解顧客習性，可藉由下列方式來進行，茲說明如下：

(一)藉由訂房資料

通常顧客在訂房時，都會有一些額外的要求、需求或注意事項等等；這份訂房資料，就是我們的訊息來源之一。

(二)由顧客歷史資料

當顧客再次光臨或老顧客前來訂房時，我們即依據上一次或是歷次所登記的資料及相關注意事項，藉以明瞭顧客的要求及需求；這份歷史資料就是我們的訊息來源之二。

(三)顧客直接要求

顧客未在訂房或是歷史資料中登記有關事項，而是在住進來之後臨時所提出的要求（例如，羽毛枕太軟而要更換成硬枕等等），而此項要求，就是我們的訊息來源之三。

(四)由房內現況擺設

顧客通常會將其私人物品放置在一定的位置，而清理房間的時候，就必須記住各項物品所放置的相關位置，否則，顧客一旦返回房間時，發現桌上的東西或文件被動過或不見了而引發顧客不悅，那可真是有理說不清了。

(五)其他特殊與不良習性

1.在顧客的歷史資料中，記載著曾有過抱怨的記錄。
2.在住宿期間，曾發生過不良記錄（例如，帶走客房設備如吹風機等，或對服務人員性騷擾）。
3.在飯店的安全聯合通報中，曾有過酒醉鬧事等的不良記錄。

房務小百科　　沙發

　　沙發應定期施作保養；沙發的質料，因時代進步而有日新月異之演化，因此清潔作業施作前，除了要先瞭解其材質外，更需慎選清洗藥劑及施作器具、方式，否則不但未能有效作好清洗保養，反倒容易造成沙發之損傷。

	皮革質料沙發	布面沙發	真皮沙發
定期清潔保養	1.以皮革三合一清洗保養劑為主，先將沙發以微濕的乾淨抹布擦拭，除去灰塵，再把皮革清潔保養劑倒於厚絨布上，重複擦拭，有嚴重污漬時，可配合軟鬃刷酌力操作。 2.皮革清潔保養劑可對抗水、油性污染，能保持皮革彈性及柔軟度，延長皮革使用壽命，具無毒性、施作簡便之利。	可用洗潔劑或氨水來擦拭，但不可過分用力，否則會變色。灰塵加上汗漬滲入纖維布質，顏色容易變髒變黑，同樣可以用稀釋的氨水擦拭，再用泡開的洗衣粉水擦洗，之後再用濕布擦淨，但最理想仍是以防水劑將整張布沙發噴灑一次。	如被原子筆劃花了，或是沾了油污等，不可用揮發性的松節油或汽油來擦拭，否則會令真皮色澤洗褪；如沒有皮沙發的專用清潔劑，可用氨水調稀二十倍，再用濕棉布輕抹；平時應定期用沙發專用的皮膏清潔及潤澤，以免皮革龜裂。
平時清潔保養	可利用吸塵器裝上扁型吸頭，將吸力調整至中強的程度，清除沙發細縫裡的灰塵和表層。特別要注意沙發最容易髒的部分，如扶手、靠背等地方可用泡沫清潔劑清洗。先將清潔劑噴灑於污垢表面，約十至十五分鐘之後用海棉或軟毛刷子輕輕地刷洗，再用乾淨的毛巾擦拭，便可將污垢去除。		

資料來源：作者整理。

第三節　個案探討與問題分析

一、房務個案

(一)色情事件（上）──裸貓

　　Alfred：警衛室人員，外號「老頭」，三十歲，在職五年

　　Simon：安全部人員，二十八歲，在職二年

　　Tim：安全部人員，三十五歲，在職三年

　　在客房樓層昏黃的燈光下，監控人員從閉路電視中發現一位穿著白色緊身衣的女郎──

　　「鈴鈴……」

　　「總機，您好！」

　　「我是安全部的Alfred，剛剛監控中心發現十三樓有位行為怪異的女客人在走廊上走動，我們已經前往查看了，麻煩您如果有客人反應，請告知客人已經派員前往處裡了。」

　　安全部接到監控中心的電話時隨即指派了兩名安全人員趕往十三樓，接到任務的Tim及Simon便立時前往一探究竟。員工電梯一層層地向上升，安全人員踏出了電梯，「啦……啦啦……啦……啦……啦……嗚……嗚……耶……」耳邊傳來微細的歌聲，仔細聽其實有點好笑，兩人互看一眼，彼此心中充滿著疑惑，於是急急忙忙地走向聲音的來源。突然兩人眼前出現一尊彷若玉琢的美人像，兩人驚嚇得手足無措，仔細看去原來是一位妙齡女子一絲不掛地在走廊上游走舞動，或許她就此當起脫衣舞孃了吧！Tim趕緊將身上的大衣脫下讓她穿在身上，Simon則在一旁問道：「小姐，您……您知道您住幾號房嗎？小姐……」

被Tim強迫穿好大衣的她仍舊試圖脫下大衣，只見一旁兩人手忙腳亂地邊詢問邊安撫著她到警衛室。

「小姐，您還記得住在哪一號房嗎？……小姐，您能回答我們的問題嗎？」一向狹小的警衛室裡，Alfred別著臉問著，所有的安全人員不僅比這位女子還來得羞澀，甚至還因此紅了臉呢！

問了老半天，這位女客完全忘了自己所住宿的房間，因此只好趕緊聯絡駐店經理，順便從警衛室中找些可為她保暖的衣物，靜靜地等待天亮。由於飯店裡出現了這麼一位特殊的女客，過沒多久夜間大廳經理、客務部大夜櫃檯人員都好奇地來到警衛室裡，讓警衛室可說是前所未有的——熱鬧異常啊！

最後終於在早上六點時，有位日籍客人以電話向大廳經理詢問此女子，才將她送回客人的房內，事情就此告一段落了。

(二)色情事件（下）——性騷擾

> Rose：房務員，四十六歲
>
> Sarah：房務員，三十七歲，在職一年

將十三樓冷小姐的餐食送入客房後，Rose正走向員工電梯，突然聽見身後有一陣細微的女子歌聲，她非常害怕地躲在樓層出入口處的門後仔細一瞧，發現朦朧地一位身著白衣的長髮女子，她緊張地不知所措，也不敢向同事提起這件她遇到的靈異事件。

（正打算向公司遞出辭呈的隔天）

聽到飯店裡的同仁議論紛紛有「裸貓」的出現，Rose才恍然大悟了，但她始終沒有告訴任何人她曾親眼看見這位女子從1308號房走出來的事。

房務部的Sarah聽到昨天飯店的八卦後，不以為然地在辦公室裡等待主

管分配清潔的樓層，由於今日待整房相當多，因此分配完工作後大家各自回到工作崗位上忙著自己所應完成的工作。

用完中餐後，Sarah打電話到櫃檯詢問一直掛著DND的1308號房是否已經退房了，櫃檯告知她客人在接近十一點時確認已經離開了，因此Sarah如往常般前往十三樓尚未清掃的1308號房。

前晚的日籍旅客並沒帶太多的行李進入飯店，他正在咖啡廳用餐時，剛好想起遺漏的便條紙上寫有接洽事務的公司電話，便折返客房，順便上一下廁所，不料有人此時進入了客房，讓他嚇了一跳。他上完廁所後見到門口的備品車，推測應該有人正在整理客房，於是心生歹念，隨即將門輕輕地關上。

雖然1308號房前一晚才發生裸貓事件，但因趕房，Sarah早已忘記這麼一件事了。她敲門後便進入8號客房，前晚的日籍旅客及妙齡女子的轟炸法，早將客房裡的物品全移了位。她一邊收拾垃圾，一邊將物品一一歸位——「搞什麼飛機啊！是被炸彈轟到了哦！……這是什麼啊？用過的保險套！真是噁心，不會丟垃圾桶哦！女人的口紅還沾得整個枕頭都是，真是亂到最高點……」雖然客人至上，還是免不了罵了一頓……她卻沒發現門已經悄悄地被客人給關上了。

「思咪媽線……，小姐請問妳有打火機嗎？可以借我一下嗎？」日籍旅客突然在一旁出聲，嚇到正在碎碎唸的Sarah，她心想客人不是已經離開了嗎？「嗨！請稍等一下，我出去拿一下。」由於Sarah都是用客家話罵，所以客人並不知道自己早就被她唸到能下地獄好幾十層樓去了。一見到有客人，而門也被關上了，Sarah心想糟糕，剛好客人向她借打火機，因此她想就此藉故離開，不料客人見她有意逃離，立刻將她拉回壓倒在床上，正想對她毛手毛腳時，「嗶嗶……」Sarah身上的Call機突然響起，讓客人嚇得馬上後退，Sarah趕緊衝出房外，但也已經讓她嚇得眼淚直流。

　　我（冷靜心）正準備到健身房運動時，正巧遇上衝出房外的Sarah，瞭解情形之後，一邊安撫她的情緒，一邊問道：「Sarah，妳要不要報警處理呢？」

　　我與房務員及此日本客人一同找大廳副理處理這件事情，客人在自知理虧之下，掏出錢包裡一百元美金給淚眼婆娑的Sarah，但旁人都覺得這對她的人格相當地侮辱，Sarah一怒之下便「ㄆㄧㄚˋ」，甩了客人一巴掌。其實在一旁的飯店同仁們都相當驚訝，Sarah一直是個溫和的人，做什麼事情都只會吞聲忍氣地，這還是第一次表露她的個性呢！

(三)嘔吐／藥物誤服

　　李晨琪：冷靜心的學生，目前為學校寒假期間，暱稱小琪
　　Echo：三十三歲，房務員，在職二年
　　Rose：二十三歲，餐廳服務生
　　曾領班：四十歲，房務領班

　　今天一清早，與幾位登山的好友出發到附近的山巔欣賞日出，我（冷靜心）為這飄渺的錦鏽山川而撼動澎湃的情緒，那山下的山嵐層疊，遠方的雲海似棉花糖般地纏纏綿綿向山邊蜷捲而來，深吸一口氣，嗯——我肚子的早已鼓聲大作，這個時候該是用午餐了，收起自己過度氾濫的心情，換套服裝與小琪一同到餐廳用餐，正在用餐之際，小琪的臉色愈見蒼白，後來她便不舒服地先回房。

　　正要進入客房的小琪，在走廊上遇到房務員Echo，Echo見到小琪一臉蒼白的模樣，便不多說地扶她回到客房，然後趕緊聯絡樓長及領班。

　　回房之後的小琪請房務員Echo下午二點過後再來幫她整理客房，待房務員走後，她虛弱地從皮箱中拿出備用的小藥箱，精神不濟下，卻將藥袋中的藥誤認為止痛藥，服過藥後一時間她緩緩地臥於床上，漸漸昏

睡——

　小琪離開後，我趕緊用完餐，請中餐廳送一盅補品到小琪房間，由於我身上並無攜帶任何有價證件，因此便請餐廳送到客房時，屆時再支付這筆帳款；往十樓小琪的房間路上，剛好房務部的曾領班正要去探視她的情況，房門隨著領班開啟後，一陣異味漸漸地從房內傳出，浴室以及地毯上有多處嘔吐後的殘跡，我們趕緊進入房內一探究竟，只見到小琪滿頭大汗地伏臥在床上，我輕輕搖晃著她的肩頭，卻不見她有絲毫反應，這時一陣擾人電話鈴聲響起——

　「喂，你好，請問哪位？」我有些心煩。

　「小姐您好，請問李小姐目前的狀況是否需要協助呢？」是房務部的經理。

　不久房務部的經理派車將小琪送到山腰上的醫院診治，離開飯店後，曾領班便請Echo開始整理客房中的穢物，想辦法將房內的異味減低。

　我替小琪整理了一些衣物及日常所需的用品後，帶到醫院，心想或許用得著，當然我也帶了在小琪床頭櫃上的幾包零亂藥品，好讓醫生能夠快速得知她所服的藥是否有問題。

　房務員Echo在所有人離開之後便至客房中打掃，她一面打掃著，一面擔心小琪的病情，「叩叩叩……」一陣敲門聲讓她有點受到驚嚇。

　原來是中餐廳的Rose送湯來了。Rose這樣問著Echo說：「Echo，客人不在嗎？剛剛冷小姐點了一盅補湯，怎麼辦呢？她們人都不在飯店裡耶！」

　「Rose，我看妳還是拿回餐廳好了，妳自己問你們的阿球經理囉！聽我們經理說客人今晚不會回來過夜的。」

　說真的，這樣做到底對或錯，Echo她也不曉得。

二、問題與討論

1. 請問您若為房務員，遇上房務個案(一)中有客人在樓層走廊裸奔，您應該如何處理？

2. 請問飯店會以哪些客人為「拒絕往來戶」呢？

3. 請問飯店會以哪些方式拒絕客人入店住宿？

4. 若您是房務員Sarah，您會怎麼處理房務個案(二)的情形？

5. 若您是飯店員工，遇上性騷擾事件，應當如何處理？

6. 請問如果您是房務個案(三)的房務員Echo，當您遇上客人將穢物吐在地毯上時，由於已有一段時間，因此臭氣早已充斥整個客房，您該如何處理所留下的痕跡與清除客房內的異味呢？

7. 承上，請問這一夜的住宿費用是否該照算呢？但是假使客人和您辯論兩間客房都無使用，您會如何處理？

8. 房務個案(三)中的冷靜心在中餐廳曾單點過一盅雞湯，飯店的每筆帳款需當日結清，請問這筆帳款應如何處理？又該計入哪一部門？

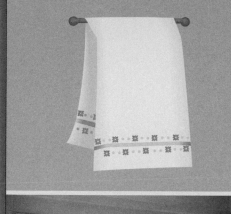

Chapter 10

緊急事件與特殊事件處理

本 章 重 點

緊急事件處理
　　火警事件
　　顧客的意外事故與生病事件
　　電力中斷事件
　　停水事件
　　盜竊事件
　　天然災害事件

特殊事件處理
　　性騷擾事件
　　醉酒或神智不清顧客事件
　　顧客企圖自殺事件
　　死亡事件
　　發現房客行李日漸減少事件
　　蓄意破壞事件
　　爆炸事件
　　鬥毆鬧事事件

個案探討與問題分析

珍視你的理想和夢想，因為這些是你靈魂之子，你最終成就的藍
圖。
　　　　　　　　　　　　　　　　　　　——拿破崙·希爾

　　飯店對於前來住宿房客的生命財產安全有著義不容辭的責任，然而
客人在住宿期間難免會碰上人為或非人為的不可避免的意外事故發生，
而當緊急事件與特殊事件發生時，身為服務人員的您應如何應變？客人
的情緒安撫、事故發生時的通報對象、事後的處理等，都將是本章的介
紹重點。但無論如何，意外的發生不僅讓住客蒙受損失，飯店聲譽與自
身安全也相對受到影響，因此，服務人員除了加強專業知識能力外，也
應培養緊急應變能力，以降低災害發生時財力、人力以及物力上的損
失。本章分三部分說明，首先介紹緊急事件處理；其次介紹特殊事件處
理；最後為個案探討與問題分析。

第一節　緊急事件處理

　　緊急事件顧名思義即指在毫無預警之下所發生的意外災害，通常此
種災害所造成的常是無法挽救的結果。當發生無法預測的災害時，身為
一位旅館從業人員除應比其他顧客來得冷靜外，更應有良好的應變能力
及處理手段，因此旅館從業人員更應注意平日的訓練課程（如地震、火
警等），以備不時之需。本節將介紹火警、顧客的意外事故與生病、電
力中斷、停水、盜竊以及天然災害等項目之處理程序與注意事項。

一、火警事件

　　客房火警發生的原因往往不外乎客人熄煙不當、電源線路、天然災

害等引起的問題，所以房務人員在平時即要有危機意識，多利用機會瞭解消防安全常識及逃生避難方法，當火災發生時，需立即按照通報→滅火→避難引導→安全防護→救護等五種程序來處理。另外，認識消防設施及逃生避難設備，事前擬妥逃生避難之計畫，並加以預習，於狀況發生時便能從容應付，順利逃生。火警處理程序與注意事項茲說明如下：

(一)火警發生處理程序

1.通報：

(1)報告事故現場情況。

(2)相關部門處置辦法：當接獲任何火警報告時，應立即通知以下各單位：

① 房務部：

A.房務中心及樓層房務員接到通知後，立刻編組安排救火位置。

B.按下火警報知機按鈕，使警鈴大響。

C.高喊「失火了」，房務人員逐房拍敲各住客房門，引導住客避難，並引導由太平梯疏散，即使有避難救護行動而延誤滅火措置，亦非得已，人命應列第一。

D.依起火狀況實施滅火。

E.迅即通知總機通報消防機關及防災中心。

② 工程部：立即關閉電源及通風設備，並改採緊急照明設備，中控室需現場緊急廣播：「各位貴賓、同仁，請由最近的逃生出口疏散，請不要搭乘電梯。」

③ 安全室：盡快趕到事故現場，以瞭解情況。

④ 總機人員：

A.立即通報消防機關及防災中心。

　　　　B.通知中控室廣播火警訊息。

　　　　C.電話通知失火樓層之住客避難。

　　⑤ 大廳人員：

　　　　A.按工作崗位協助疏導人員撤離現場。

　　　　B.攜帶住客資料，於空曠處集合人員實施點名。

　　　　C.協助維護秩序，並安撫客人。

　　⑥ 值班經理：把火警發生原因、處理過程、結果寫在值班經理
　　　　交代本上。

2.滅火：

　(1)使用滅火器，展開滅火作業：拔安全插梢，噴嘴對準火源，用
　　　力壓下握把。

　(2)使用消防栓，按下啟動開關延伸水帶，打開消防開關放水。

3.避難引導：

　(1)打開緊急出口（安全門）。

　(2)指導避難方向，避免發生驚慌。

　(3)樓梯出入口、通道轉角配置引導人員。

　(4)確認所有人員是否已經避難，將結果聯絡隊長。

4.防護：

　(1)關閉防火門、防閘門。

　(2)停止供應電梯等危險性電源。

　(3)將機器緊急處置。

　(4)設定禁止進入區域。

5.救護：

　(1)設置緊急救護所，提供熱食、禦寒衣物。

　(2)緊急處理受傷者及登記其姓名、地址。

　(3)與消防救護隊聯繫，提供情報。

(4)聯絡其他飯店，必要時安排房客住宿。

(二)火警發生時的注意事項

1.配合值班經理指示行動。

2.對於火警相關訊息不能對外發布，一律交由公關部門處理。

3.凡參與救火的人員需正確使用滅火器材，並依消防安全守則施行。

4.到達安全地點後需協助照顧顧客並撫平情緒。

5.如受傷需立即送醫急救，火勢撲滅後協助清點公司及住客財產。

6.迅速恢復原有舊觀。

火警發生事後道歉信如**圖10-1**。

二、顧客的意外事故與生病事件

房務員為飯店中最接近顧客隱私的服務人員，因此顧客是否發生意外事故或生病，透過平日瞭解客人之習性，成為不可或缺的資訊來源之一。接獲顧客生病或意外通知時，應立即採取行動，注意事項如下：

1.通知房務部，會同房務部人員到房間查看顧客，同時應立即通知大廳副理、房務部主管與安全人員前來協助處理。

2.依房客要求或依狀況代為請醫生或送特約醫院。

3.遇有流血狀況先行包紮止血，如果顧客情況危急，應立即通知醫院派救護車前來，在救護車到達同時，務必要求救護人員使用警衛室後門及員工電梯，絕不能使用前門或側門。

4.通知傷者親友、家屬，管制現場並迅速處理，現場狀況應向值班主管報告。

5.由櫃檯人員陪同顧客至醫院。

Club
IMPERIAL HOTEL

Dear Guest,   28 March, 2000.

We wish to sincerely thank you for your cooperation during the evacuation of the building this evening.

All the hotel fire procedures were in place and executed according to plan and the incident was dealt with calmly and effectively reflecting our drills and staff training. By way of a gesture please accept our invitation for a complimentary drink in the Front Page bar and we sincerely apologize for any inconvenience caused.

Sincerely,

Steven J Parker.
General Manager.

Complimentary Drink

迎賓飲料券

IMPERIAL HOTEL
Taipei

IMPERIAL HOTEL TAIPEI

台北華國大飯店　台北市林森北路600號　600, Lin Shen North Road, Taipei 104, Taiwan R. O. C.
Tel: (886-2) 2596-5111 Fax: (886-2) 2592-7506 Website: www.imperialhotel.com.tw E-mail: taipei@imperialhotel.com.tw

圖10-1　火警發生事後道歉信（台北華國大飯店提供）

6.將經過報告公司最高負責人。

7.若顧客需住院觀察，應由主管委派人員準備鮮花、水果至醫院探視顧客。

8.當房客因病要求服務人員買藥時不可隨意接受，並立即轉報房務部處理。

9.經醫生治療後的房客需向醫生問明情況，並定時入內探看並加以照顧。

10.送醫後需留院診治的房客如無親友出面代為處理財物時，應會同大廳副理及房務部主管雙鎖其門，並等待進一步指示。

11.如經醫師診斷為傳染病患，應依醫師指示做房間消毒，並將備品報請銷毀。

三、電力中斷事件

停電常會造成諸多不便，若預先知道停電消息，應事先告知住客，若在毫無預警時發生電力中斷，其處理方式茲說明如下：

1.假如電力供應突然中斷，應立即通知工程部檢修，並找出原因，以及詢問需多久方能修復。

2.將所有緊急照明燈打開。

3.請中控室詢問各電梯內是否有顧客困住。

4.若電梯故障乘客被困車廂時應：

　(1)先安撫車廂內客人保持鎮靜，並安心等待處理。

　(2)立即與工程部人員或電梯保養人員於最短時間內到現場救出顧客。

5.向顧客道歉並解釋原因。

6.將停電原因、處理過程、結果記錄於值班經理交代本上。

停電告知單如圖10-2。

四、停水事件

在一般人的印象裡，台灣每年的降雨量十分充沛，而事實上，台灣為缺水地區，因台灣的降雨量在地域、季節的分布極不平均，更容易造成地區性、季節性的乾旱，因此，缺水的問題將愈發嚴重。因為缺水，導致政府採取停水措施，而飯店業所賣的是客房，客房是讓客人休息放鬆的場所，其中以床鋪和浴室為最重要的設備，所以若停水而水塔儲水有限時，飯店管理階層也應想辦法解決停水問題，其處理方式茲說明如下：

1.在白天的時候，可致電自來水事業處請求派水車將水送至飯店，但水處只供應白天時段。
2.在晚上的時候，飯店則要自己買水或事先做好儲水措施。
3.若飯店暫時無法解決停水問題時，應發停水通知單（圖10-3、圖10-4）至每間客房，通知顧客因缺水而停水，並請求房客能夠諒解。
4.經過幾次停水後，有些飯店就多加幾個水塔或裝置了更大的蓄水池，以解決停水的困擾。

五、盜竊事件

雖然飯店平常的防盜措施已甚周詳，但仍無法完全防止盜竊之發生。飯店中倘若不幸發生竊盜案時，其處理辦法與注意事項說明如下：

敏蒂天堂飯店
Mindy Paradise Hotel

January 29, 2003

Dear guest,

A very warm welcome to Mindy Paradise Hotel. We trust that you are enjoying your stay with us.

Kindly be informed that, due to annual government maintenance, air-conditioning and electrical power in the hotel will be temporarily shut-down during the hours of 2 a.m. to 5 a.m. on Friday, January 30th, 2003. During that timeframe, there will be limited power supply in our guestrooms which, in turn, may affect some of our available services (such as Room Service, wake-up calls, bedside clocks) as well as the illumination of emergency lights in guestroom hallways.

We sincerely apologize for the inconveniences that may be caused you and appreciate indeed your kind understanding of our decision to carry out this work at a time of least inconvenience to our guests. Should you have any questions in this respect, please feel free to contact our Lobby Managers at extension 7.

為維護硬體設施，本飯店將於一月三十日清晨二時至五時進行年度高壓電檢驗。於上述期間內，飯店將暫停空調及電力供應。屆時，除內玄關之緊急照明設備將開啓外，其餘如客房餐飲服務、喚醒服務、床頭櫃控制系統等相關服務設施均將暫停使用。不便之處，敬請見諒。如需任何協助，請隨時以分機7與大廳經理聯繫，謝謝！

この度、当ホテルは、1月30日深夜2時より5時までの間に、高圧電線の定期検査を行う運びとなりました。つきましては、この時間帯に館内の暖房及び電気の供給を停止させて頂くこととルーム サービスも同様に一時的にご注文ができなくなります。どうぞ、予めにご了承くださいますよう、宜しくお願い申し上げます。

Sincerely yours,

Vicky Lin
Resident Manager

圖10-2　停電告知單

資料來源：作者自製。

敏蒂天堂飯店
Mindy Paradise Hotel

January 29, 2003

Dear guest,
A very warm welcome to Mindy Paradise Hotel. We trust that you are enjoying your stay with us.

Kindly be informed that due to the routine maintenance of Hotel's engineering system, the water supply in your room will be temporarily suspended from 3：00-5：00am on January 30th.

We sincerely apologize for any inconvenience caused. Should you have any further inquiries, please feel free to contact our Services Center at extension 7.

本飯店將於一月三十日凌晨 3：00-5：00 進行例行的工程檢測，屆時客房內之冷、熱水將暫停供應。檢測期間，對您造成不便之處，尚祈見諒。如您需任何協助，請隨時以分機 7 與服務中心聯絡，謝謝！

この度 1 月 30 日深夜 03：00-05：00 まで定期点検が予定されています。この間に客室の給湯を一時的に中断させていただきます。
皆様にはご迷惑をお掛けするとは存じますが、ご了承とご協力くださいますようお願い申しあげます。
なお、ご質問、ご相談ございます方は内線 7 番 VIP サービスまでにご連絡くださいませ。
ベッド メーキングご希望の方は、ハウスキーピング（内線 7）にご連絡下さい。どうぞ、ごゆっくりおくつろぎください。

Sincerely yours,

Mindy Kuo
General Manager

圖10-3　停水告知單

資料來源：作者自製。

AGORA GARDEN

May 22, 2002

Dear guests,

A very warm welcome to Agora Garden. We trust that you are enjoying your stay with us.

The government of Taipei City has decided to continued the water limit-supply program. On 6/5, 6/10, 6/15, 6/20, 6/25, 6/30, this area is scheduled to restrict the water supply, and on the water restriction days, the laundry rooms on 16th floor and the shower in Sauna will be closed temporary.

Howerver, Agora Garden will deep the water supply as usual as possible for all our guests' rooms and other fracilities.

But we would appreciate our guests to minimize water usage on these scheduled dates.

We are sorry for the inconvenience, and thank you for your kindly understanding.

台北市將持續實施輪流停水措施，本區 6 月份停水日為 6/5、6/10、6/15、6/20、6/25、6/30，但本館照常供水，屆時希請各位住戶節約用水，另外 16 樓屋突洗衣房將於停水日暫停開放，停水當日男女三溫暖的淋浴設備將暫停開放一日，休息區、健身房、壁球室、兒童休憩室均正常開放，請住戶提早利用，造成不便之處敬請見諒。

Sincerely yours,

Doris Liu
Front Office Manager

台北市信義區松高路68號
68, Sung Kao Rd., Taipei, Taiwan. Tel:886-2-8780-5168 Fax:886-2-8780-5608
http://www.agoragdn.com.tw E-mail:agora@agoragdn.com.tw

威京總部集團
CORE PACIFIC GROUP

圖10-4　停水告知單（台北亞太會館提供）

專欄　遠東國際大飯店節約用水措施

　　隨著國人經濟條件與生活水準的提升，對於能源的需求與消耗量也日益增加，而觀光飯店屬於較耗能源的事業（如用水的消耗），業者為了做好節約能源無不費盡心思，不僅要維持服務的最佳品質外，更需肩負起安全與衛生的責任。

　　座落於繁華敦南商圈的遠東國際大飯店，是一個非常重視節省能源的飯店集團，在致力於節約用水方面更不遺餘力。除實施節水可幫助公司節省不少的水費開支外，經營管理者並深切體認到台灣的水資源十分有限，節約水源也是環保中重要的一環，又創造更高的利潤是對社會的一種義務，亦是對後代子孫的一種責任。

一、節水之各項措施

　　遠東國際大飯店實施節水的措施可分為硬體及軟體兩方面，硬體就是不斷研究、改進省水及回收水的方法；而軟體就是宣導節約用水觀念，不但隨處提醒員工們注意節水外，而且更進一步推廣至客人，希望客人也能配合節水、珍惜用水，並仍提供高品質的服務水準。硬體改進方面有下列幾項措施提供業者參考：

1. 改良管路，將屋頂游泳池的池水轉送供應至空調冷卻水塔使用，不但大大降低了用水消耗，也使得游泳池的水質變得更好，且於民國88年8月31日獲得台北市政府頒發最佳游泳池水質優良獎。

2. 於所有的客房浴室蓮蓬頭加裝節水器，但不影響客人的舒適感。

3. 在廚房的水龍頭加裝節水器，但不影響廚房的作業。

4. 充分利用空調機的冷凝水，回收後再用水泵打到冷卻水系統中使用。

5. 在員工廁所洗手檯裝設紅外線感應水龍頭，以達到節約用水的目的。

6. 利用舊的塑膠空桶置於屋頂收集雨水，再將貯留的雨水打至空調用

冷卻水塔中加以利用。

軟體方面的措施則有：

1. 在洗手檯處張貼節水標籤，可隨時提醒員工珍惜用水。
2. 在各客房內放置有節水標示之壓克力牌，敬請客人能將使用之浴巾、浴袍依個人需求來決定是否更換清洗，讓客人也能一同響應節水與環保。
3. 公司還於部門會議時與員工們互相交流及腦力激盪，共同不斷討論出更好的省水點子；再於每個月召開之環保會議中，藉由錄影帶播放節水相關資訊與節目，使員工獲得節水方面的知識與作法。

二、遠東節水獲獎感言

　　節約用水是環保工作中重要的一環，遠東國際大飯店就是極為注重環保的飯店，除了希望建立飯店響應環保運動的形象外，最重要的是基於未雨綢繆來預防水資源乾枯的窘境，亦即為可能發生的缺水時機預作準備。以長遠的眼光來看，大家應該在平日就要養成節約用水的好習慣。希望藉由飯店能將節約用水、珍惜水資源的觀念帶給每位住房客人，再由每個客人向家庭、社會推廣；甚至要隨著時代的進步不斷改進。不單是為了減少浪費，更是為了維護我們下一代有個美好的地球，因為有健康繁榮的社會才有永續經營的企業。遠東國際大飯店有實踐節水生活及環保的決心，有信心在合乎環保節能的要求下，提供每位客戶更好的高品質服務，並願與同業及社會大眾分享節約用水與環保的經驗及心得。

資料來源：《節約用水季刊》，17期，20010.3.15。

1.假如接獲顧客投訴在房間內有財物損失，應立即通知以下單位：
　(1)值班經理。
　(2)警衛室。
　(3)房務部。
2.封鎖現場，保留各項證物，會同警衛人員、房務部人員立即到顧客房內。
3.將詳細情形記錄下來。
4.向安全室調出監控系統之錄影帶，以瞭解出入此客房的人，便於進一步調查。
5.過濾於失竊前曾逗留或到過失竊現場的人員，假如沒有，則請顧客幫忙再找一遍。
6.千萬不能讓顧客產生「飯店應負賠償責任」的心態，應建立顧客將貴重物品置放在保險箱內的正確觀念，才是首要預防竊盜之措施。
7.遺失物確定無法尋獲而顧客堅持報警處理時，即通知警衛室人員代為報警。
8.待警方到達現場後，讓警衛室人員協助顧客及警方做事件調查。
9.將事情發生原因、經過、結果記錄於值班經理交代本上。
10.對於此盜竊意外，除相關人員之外，一律不得公開宣布。

六、天然災害事件

天然災害發生時會引起顧客恐慌，應以輕鬆的心情、沉著的態度來穩定顧客的情緒。應注意的天然災害有地震及颱風兩項。

(一)地震

台灣位於一個尚在活動中的斷層帶，並且每年都會有很多的地震，

基於這種事實，台灣最近蓋的建築物都注意到要預防大地震，例如台北中和福朋飯店在2000年由一群經驗豐富的建築人員建造，並使用由九二一大地震中學習到的經驗。

而目前最新的科技都無法準確預測地震的時間和強度，一般而言，地震後也可能會有相同強度的餘震。除非是超級地震，否則應向顧客解釋本飯店建築物相當堅固，絕無安全上之顧慮。以下就以發生地震時應有的步驟及注意事項，茲說明如下：

1.發覺地震停電時，立即通知值班經理：

    (1)停電時，須由工作人員逐一告知客人，並給予手電筒。

    (2)地震時，現場緊急廣播：「各位房客，請注意，現在發生強烈地震，請立刻由最近的逃生出口疏散，請不要搭乘電梯。」

2.避難引導及供應備品：

    (1)指引避難方向，避免發生驚慌。

    (2)地震時確認所有人員是否已經避難。

    (3)停電時，確認所有房間都拿到手電筒。

3.救護：

    (1)設置緊急救護所。

    (2)緊急處理受傷者及登記其姓名、地址。

4.安全防護：

    (1)工程部盡快查明停電緣由。

    (2)設定禁止進入區域。

5.注意事項：

    (1)室內或辦公室：

        ① 保持鎮定，勿慌張地往室外跑。除非是超級地震，否則應向顧客解釋飯店建築物相當堅固，絕無安全上之顧慮。

② 隨手抓個墊子等保護頭部，儘速躲在堅固傢具、桌子下，或靠建築物中央橫樑的牆等。

③ 切勿靠近窗戶、玻璃、吊燈、巨大傢具等危險物，以防玻璃震碎或被重物壓到。

(2)室外：

① 站立於空曠處，不可慌張地往室內衝。

② 注意頭頂上可能有招牌、花盆等掉落。

③ 遠離興建中的建築物、電線桿、圍牆及未經固定的販賣機等。

(3)地震後：

① 檢查房屋結構受損情況，儘速將狀況報告上級主管，並打開收音機，收聽緊急情況指示及災情報導。

② 盡可能穿著皮鞋、皮靴，以防震碎玻璃及碎物弄傷。

③ 小心餘震造成的另一傷害。

(二)颱風

颱風在眾多天然災害中，是最能事先預知並提早做好防災準備的。颱風來襲常會造成嚴重災情傳出，雖然天災無可避免，但只要在颱風來臨前防範得宜，必能使災害損失減至最低程度。因此，飯店必須在預防上多下點功夫，所謂「多一分防颱準備，少一分防颱損失」，所以若有颱風接近時，需及早做好準備，其處理辦法茲說明如下：

1.颱風來襲前：

(1)檢查各樓層玻璃窗是否已關緊。

(2)檢查各樓層照明設施及緊急照明設備是否良好、正常。

(3)完成防颱編組。

2.颱風來襲時：

　　(1)隨時待命，擔任搶救、指導疏導作業。

　　(2)應至各責任區巡邏，除瞭解颱風災情外，應作適切處理。

3.颱風警報解除時：

　　(1)就責任區內外迅速檢查，並報告現場颱風損失情形。

　　(2)協助整理復原工作。

　　(3)通知飯店住客颱風最新相關資訊。

4.注意事項：

　　(1)通知顧客在颱風來襲期間，儘量不要外出。

　　(2)隨時與機場聯絡，瞭解所有班機時間是否正常。

　　(3)假如顧客在颱風來襲期間離開，須提醒顧客是否更改行程，以　　　　免因機場封閉等原因影響顧客行程。

工程維修告知單如**圖**10-5。

 第二節　　特殊事件處理

　　從事飯店的服務工作，每天必須面對形形色色的各式人種，旅客良莠不齊，更由於大部分旅客住宿的時間短、流動率高，隨時都可能發生任何突發事件，而飯店方面除了提供旅客安全的住宿環境外，更應給予員工安全無虞的工作環境並且提供安全意識的訓練，本節將為您介紹八種特殊事件處理方式，如顧客自殺、生病等事件處理方式，以茲參考。

敏蒂天堂飯店
Mindy Paradise Hotel

August 12, 2002

Dear guest,

A very warm welcome to Mindy Paradise Hotel. We trust that you are enjoying your stay with us.

Please kindly be informed that for maintenance reason we are filling up the silicon for granite wall starting 13th August 2002 till end of September.

We sincerely apologize for the inconvenience and appreciate your kind understanding. Should you have further questions in this regard, please feel free to contact our Lobby Manager at extension 7.

為維護硬體設施，本飯店將於 8 月 13 日至 9 月底於各樓層之客房進行防漏水工程。於上述時間內，工程所造成不便之處，敬請見諒。如需任何協助，請隨時與大廳經理聯繫，謝謝！

この度は、8 月 13 日至 9 月末まで各部屋の水漏れ防止強化工事を行うことをお知らせ申し上げます。
皆様にはご迷惑をお掛けするとは存じますが、予めにご了承とご協力下さいますようお願い申しあげます。
なお、ご質問 ご相談ございます方は、内線 7 番のロビーマネージャーまでご連絡下さいませ。

Sincerely yours,

Irene Wu
Resident Manager

圖10-5　工程維修告知單

資料來源：作者自製。

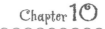

旅館世界觀 非洲部落旅館(Heia Safari Ranch)

2000年9月30日，非洲部落旅館的營運也邁入了第三十週年，長時間的經營，讓你旅遊南非住宿此處時，感受到舒適且刺激的非洲、充滿靈異神秘的非洲。

本飯店距離兩個機場皆為三十分鐘，從飯店大門到接待大廳，旅客就可以深刻體驗自然的非洲風貌、原始部落造型的獨棟房舍、大草原，斑馬及長頸鹿更是常常漫步在飯店的四周，即使是在房間內，只要推開窗戶就可以看到許多動物在四處漫遊，讓你意外驚奇。

飯店提供有往返Johannesburg國際機場及Lanseria機場的交通運輸。豪華的四十五棟度假小屋皆有自己的陽台、二張床、浴室和獨立的淋浴設備、電視及煮咖啡和茶的機器。而飯店本身有餐廳、非洲風格的吧台，還有視聽室及美麗的花園和停車場，以及泳池、網球場、桌球室、撞球桌、飛鏢等娛樂設備。另外還有大大小小多間的會議室，可以容納不同需求的會議要求，也有可以舉辦宴會或婚禮的場地和空間，因此不論是私人聚會或是國際會議皆適宜。

每個星期六在泳池畔，會有熱鬧的BBQ烤肉，除了烤肉外，另外還會有土著的傳統舞蹈和非洲的鼓的演奏表演，讓你體驗非洲的動感文化。在池畔除了來自世界各地的客人在此交流旅遊見聞外，有時還會有一些不請自來、卻大受歡迎的貴客，如斑馬，出現在池畔，給予熱鬧的夜晚增添另一種不同的趣味。

住宿此飯店，絕對能讓你深入體會非洲的原始、粗獷，還有看似平靜卻潛藏弱肉強食的生存競爭。在野生動物園中，你可以在廣大的原始草原中，安全的看到二十二種不同的動物，包括了河馬、犀牛、水牛、羚羊……另外還有一百七十六種鳥類可以欣賞。

Zulu土著村就在野生動物園中，在這裡你可以欣賞到傳統的土著舞蹈，還有品嚐土著的傳統食物及口味特殊的啤酒，親切周到的土著傳統令你印象深刻。

資料來源：明泰旅行社股份有限公司（2009）。

一、性騷擾事件

性騷擾事件時常發生於日常生活中，在飯店，來往的旅客眾多，不易辨認與預防，因此若真的不幸發生時，其處理方法如下：

1. 需保持冷靜。這點雖不易做到，卻是自我保護最重要的方法。
2. 降低歹徒警戒心。
3. 選擇歹徒最脆弱的部位攻擊。
4. 趕緊逃離現場，逃脫時，求救以喊「失火」代替喊救命或非禮，較易引起注意。
5. 向主管報告，掌握現場有利證據。倘若上班時發生同事間的性騷擾事件，屆時除適當處理外，應將發生事項報告主管，交由主管處理。

二、醉酒或神智不清顧客事件

當遇到醉酒或神智不清的顧客時，通常是有理說不清的，有時甚至會遇到酒品不好的顧客，有的大聲咆哮，有的甚至拳腳相向，而當服務人員遇到這些狀況時，應如何處理呢？其處理方式茲說明如下：

1. 發現有酒醉或神智不太正常的客人，應立即通知警衛室派人注意。
2. 外歸醉酒的房客，應儘量說服顧客留在房間休息，服務中心同仁應派員到顧客房間，看顧客有無需要幫忙的地方，並通知房務部隨時注意此顧客。
3. 房務部接到通知後，派當班領班進入，將房內火柴收出，並將垃圾桶置於床頭，勸顧客安靜入眠，並提醒顧客嘔吐於桶內。
4. 如在房內飲酒吵鬧到別的房客時，應通知副理會同安全人員來婉轉

規勸，並應設法請其遷出。

5.假如不是飯店顧客，應儘量想辦法使其離開飯店範圍。

6.酒醉的顧客如再叫酒，應婉轉拒絕。

7.酒醉的顧客如有服務叫喚，應避免獨自前往服務。

8.如房客因酒醉而無法自制，應設法請其遷出，情況嚴重時報請上級裁示報警。

9.將詳細經過記錄在值班經理交接本上。

10.將酒醉鬧事的房客姓名輸入電腦之黑名單內，以作為日後訂房組的參考資料。

三、顧客企圖自殺事件

房客企圖自殺前通常在行為上都有跡可循，因此，機警地觀察注意，或許可避免不幸事件發生；當房務員在整理客房時發現有異，則應儘快處理，其處理方式茲說明如下：

1.當房務人員發現住客精神恍惚、神情不定（如驟接突變電報或電話、帶大量藥品入房、一直掛DND、布置陰沉等情況），均應報請房務部處理。

2.房務部會同副理於瞭解住客遷入情況後予以約談，紓解其情緒，並設法請其立即遷出。

3.將該房客姓名輸入電腦之黑名單內，以作為日後訂房組的參考資料。

四、死亡事件

當服務人員進入客房發現房客死在房內，一定要保持沉著冷靜，並

確認房客是否還有生命跡象，若有，則趕緊送醫，若無生命跡象時，其處理方式茲說明如下：

(一)維持現場狀況

發現顧客已死在房內，應設法避免引起驚慌，立即將門雙鎖以維持現場，且不可移動屍體或任何物品。

(二)立即通知房務部主管

立刻報告房務部主管，會同安全部門及飯店最高主管共同處理。

(三)通知當事者的家屬

需設法通知該事件當事者的家屬，促其趕快認領及處理後事，如果是外國人，則應通知該國在台領事或在台機構派員前來處理，並應在檢察官抵達旅館前處理好，以免延誤勘驗時間，影響處理進度。

(四)保密

公關室負責處理相關新聞事項，盡可能秉持不主動外傳的原則，並且嚴禁對外聲揚（包括自己同事），這乃是基於尊重旅客。從事旅館業的人員對旅客的任何事故，都有保密的責任，我們沒有權利洩漏客人的事情，尤其是已經往生的人。所以，凡是處理過該事件的人都不應該向任何人透露原委。從事旅館業的人，也該養成不因好奇而向別人詢問不該知道的事情。

(五)協助搬運

1.帶檢察官勘驗結果，由法醫出具死亡證明書。可以搬運屍體後，屍體是交給家屬處理，安全室人員則是協助處理有關搬運的事宜，若

是使、領事館人員，其具有處理類似事件的豐富經驗，旅館人員是
站在協助立場，千萬勿擅做主張。

2.搬運屍體應利用員工電梯，不要使用客用電梯，以免驚動其他旅
客。最好是不用擔架，須請葬儀社人員用背負式地直接送到地下停
車場，葬儀社人員多有此經驗，但需要注意的是，葬儀社的車要駛
進停車場、擺放在哪一部電梯的出口附近，都得事先安排好，因為
此類事件知道的人愈少愈好。

(六)客房消毒，備品銷毀

發生事故的客房事後應加以消毒，備品報請銷毀。

五、發現房客行李日漸減少事件

房務人員在整理客房時，若發現房客行李日漸減少，應立即反映
領班處理，查明該房客的情況，是否已付過帳或行李已寄存在服務中心
等，如有跑帳之嫌，速查本地的訂房公司看是否仍能聯絡到顧客。

六、蓄意破壞事件

維護飯店設備財產是每個員工的責任，倘若遇有蓄意破壞飯店財產
的事件發生時，其處理方式茲說明如下：

1.速將危險物品移走，如在技術上有困難時，則依據爆裂物處理方式
辦理。

2.如有此等情形，應即報請房務部主管處理。

3.如有顧客將退房，房務部應立即會同大廳副理，以委婉的態度向顧
客解釋客房設備屬公司財產，遭受破壞恐需賠償，原則上以原價之

　　七成計算（三成屬折舊率）並將該房客姓名列入電腦資料。

4.報請上級決定是否報警處理。

5.封鎖消息以免事態擴大。

6.掌握現場狀況並向值班主管報告。

七、爆炸事件

　　近年來爆炸事件頻傳，尤以美國911事件最為嚴重與駭人，因此萬一飯店中發生爆炸事件，其需注意與處理方式如下：

1.迅速搶救傷患，立即打119電話請派救護車送醫急救。

2.如係人為因素，則提供警方線索，並協助蒐證。

3.如因爆炸引起火警，則依火警處理原則辦理。

4.發現疑似爆裂物，應先研判是否確屬爆裂物。若然，再進一步判定係屬於何種類型爆裂物，最後再依照下列步驟處理：

　(1)封鎖現場，保持原狀，勿讓他人接近，以策安全。

　(2)速向管區派出所或119電話報案，請防爆小組派員前來處理。

　(3)研判可疑人物，予以蒐證，提供警方破案參考。

　(4)在處理過程中，儘量避免引起他人驚擾。

5.掌握現場狀況並向值班主管報告。

八、鬥毆鬧事事件

　　飯店中發生鬥毆鬧事時之處理方式如下：

1.若為個人事件，應先將雙方當事人予以隔離，現場人員應以和緩態度安撫，以免事件擴大。

 房務小百科　　飯店住宿時擺脫火災的方法與應注意事項

　　若在飯店住宿時發生火災，必須掌握一定的防範知識，才能有助於擺脫險境。以下介紹擺脫火災的方法與應注意事項：

一、方法

(一)入住飯店後，須瞭解主要通道出口

　　一般在客房內均貼有該房間所在樓層的平面位置，包括電梯、安全門及安全梯的出口等。最好親自找一找，記住出房門後向左還是向右，以及如何轉彎才能找到安全出口，以保證有事故發生斷電時，在無照明情況下能很快找到出口。

(二)睡眠時關好門，一旦火災發生，火苗才不致很快進入房間

　　由於火災引燃裝飾物、黏合劑和油漆等，燃燒後含有大量的有毒氣體，能直接使人中毒，許多喪生者並非火焰直接燒傷而是窒息中毒死的。

(三)不要立刻打開房門

　　當已知飯店內發生火災，不要立即打開房門，可摸一下門板，如已發燙或者很燙表明火源已近，甚至已在走廊內燃燒，不能急於開門，設法從窗戶逃生。

(四)想辦法逃生

1.從三樓以上的窗口跳下很少有生存的可能，即使從三樓、二樓往下跳，也應先將房內沙發墊、被子等軟物丟到地面，爭取跳在上面緩衝一些下墜力量。如有足夠強度的繩子（將床單等物

撕開連結牢固後亦可代用），繫緊在可靠的窗格或室內水管等物體上，甩於窗外，然後沿此下滑到地面。

2.如火焰濃煙已封門，難以從門外逃生時，一方面向浴缸放水，一面從窗口呼救，向窗外繫一明顯的標誌，如紅色、黃色等鮮豔的衣服等物品，然後用布條等將門縫塞好減少濃煙灌進房內，同時用水潑向房門以降低門的溫度和可燃性，以爭取時間待救。

3.濃煙已進入房間，可將頭伸到窗外呼吸新鮮空氣，也能爭取到一定待救的時間。

4.若已置身一片火海時，可用濕毛巾捂住鼻子，身上用水淋濕，再用濕的衣被等有一定阻燃作用的物品護住頭臉，沿牆根爬出。一般而言牆根下火勢小、溫度低，與上層相比含有稀薄的氧氣。如若身上已著火，迅速在地上打滾，不能驚慌狂跑，以免愈燒愈旺。

二、應注意事項

1.不使用耗電量大的電器，如電湯匙，且不要在房間內烹食。

2.溼衣服不要放在燈罩上，亦不要吊在房間外的欄杆上。

3.睡覺前不在床上吸煙；浴缸可先儲滿水以備火災發生時使用。

4.遇火災發生時迅速告知飯店櫃檯服務人員，並叫醒別人。

5.鑰匙放在床頭易於取拿，火災發生時先瞭解火的來源，可試摸門把，如已很燙，不可以打開房門，先以垃圾桶汲水放門外，以溼毛巾堵住門縫，再到窗口呼救。

6.如需逃生，先以溼巾覆面呼吸，伏身沿牆角出房間門逃至安全門，如能自備一小手電筒更利黑暗中逃生。

7.切記，火災發生時不可搭乘電梯。

資料來源：作者整理。

2.若屬群架事件，則應報請管區警察或撥110電話報案處理。

3.對不良份子爭風吃醋、尋仇滋事者，應迅速報警，必要時可鳴笛，並高呼「警察來了」，以嚇阻鬧事者。

4.若有人員受傷，應將傷者儘速送醫急救。

5.掌握現場狀況並向值班主管報告。

 第三節　個案探討與問題分析

一、房務個案

(一)意外事件

時間：某日於晚上22：20左右

房型：中間有連通門（適用於家庭之房型）

地點：於浴室內

顧客：

距離上次的家庭出遊也是好久以前的事了，忙碌的生活中，總要陪陪家人，也來個忙裡偷閒一下，所以一家人計畫到台中欣賞繽紛的新社花海，跑了一整天的行程，大家也都累了，於是就早早回到下榻的飯店休息囉。

一行人有爸、媽、老公、兒子，於是在計畫的時候，聰明的我就事先預訂了二間連通式的房間，也是考慮到畢竟爸媽年紀也大了，也比較好照顧到，原本以為擔心是多餘的，但……

我和老公都已經洗完澡了，兒子也正在浴室內，隔壁房卻傳出一陣慘叫聲，一進到隔壁房間，就看到只圍著一條浴巾的爸，滿頭是血的坐在

床上，媽正試著如何止血，而我也趕緊連絡飯店人員過來處理。

　　媽：「唉唷，你是怎麼洗的啦！怎麼會撞到呢？」

　　爸：「我就洗完澡，要出來的時候不小心滑倒撞到門。」

　　媽：「都已經上了年紀，自己還不注意一點。」

　　這時，飯店裡的人員到了房裡，也迅速的連絡服務中心叫了救護車。

　　幸好，爸只須縫了3針，也沒有腦震盪，但，畢竟這次的出遊是我提議的，心裡多少還是多些過意不去，而飯店的服務人員也只連絡了救護車之後就沒任何動作了，也沒來慰問一下，明天早上再看看怎麼處理。

　　隔天，他們的經理提著水果籃來慰問，但經理昨天晚上沒有第一時間就前來關心，我還是有點火大。

　　我：「昨天發生事情的時候不是就應該過來關心了嗎？畢竟是發生在你們的飯店，說不定是你們的房務員沒有確實的打掃好浴室，才會害我公公跌倒的，你們都是這樣處理事情的嗎？」

　　經理：「陳太太，這方面我們公司感到非常抱歉，所以特地送上一籃水果，真的是很不好意思。」

　　我：「我公公縫了3針，你們卻送一籃水果就想了事，你不覺得這樣很沒誠意嗎？我們高高興興的出遠門玩，現在卻受傷，整個興致都沒有了，那你們要怎麼賠償我們？」

　　經理：「呃，這方面我們真的非常不好意思，爾後在房務員的方面我們會加強督導的，不好意思。」

　　我：「就一籃水果，就想打發我們嗎？我們是消費者，你有想過我們的感受嗎？我不打算支付這次的費用！」

　　經理：「陳太太，真是不好意思，這方面的話，價錢我們可以再商量一下……」

　　我：「你們就是一副不想這麼處理嘛，沒關係，我們叫警察來處理啊！」

於是，我便打了一通打電話到了警局⋯⋯

經理：

今天又是輪到我值班了，也差不多要接近下班的時間了，我再去巡視一下各樓層吧！

「經理，1932房有顧客不慎在浴室跌倒，請您馬上過去處理。」從對講機傳來。

於是我馬上到了1932房，也連絡服務中心趕緊把客人送到醫院做處理，當客人回來的時候，也近十一點半了，慰問家屬還是等到明天一早再去吧，於是我就沒再去打擾了。

隔天一早，我便提著一籃水果前去慰問。

陳太太：「昨天發生事情的時候不是就應該過來關心了嗎？畢竟是發生在你們的飯店，說不定是你們的房務員沒有確實的打掃好浴室，才會害我公公跌倒的，你們都是這樣處理事情的嗎？」

我：「陳太太，這方面我們公司感到非常抱歉，所以特地送上一籃水果，真的是很不好意思。」

陳太太：「我公公縫了3針，你們卻送一籃水果就想了事，你不覺得這樣很沒誠意嗎？我們高高興興的出遠門玩，現在卻受傷，整個興致都沒有了，那你們要怎麼賠償我們？」

我心裡想著：這樣就要我們賠償，說不定是他自己不小心滑倒的，這年頭的客人真會順便揩油啊。

我：「呃，這方面我們真的非常不好意思，爾後在房務員的方面我們會加強督導的，不好意思。」

陳太太：「就一籃水果，就想打發我們嗎？我們是消費者，你有想過我們的感受嗎？我不打算支付這次的費用！」

真是獅子大開口啊，這價錢很明顯就是不合理，我不能接受。

我：「陳太太，真是不好意思，這方面的話，價錢我們可以再商量一

下……」

陳太太：「你們就是一副不想這麼處理嘛，沒關係，我們叫警察來處理啊！」

慘了，陳太太二話不說就打電話到警察局了……

(二)個案探討

一群女士們，在週末假期一同出遊，在飯店裡卻發生了這樣的事，這是以下的對話：

女士：「喂，不好意思，我們這次有三個人出遊，但只有兩張床，可以麻煩幫我們再加一張床嗎？」

總機：「沒問題，馬上為您處理。」

女士：「可以再幫我們送一雙拖鞋嗎？」

總機：「沒問題，馬上為您處理。」

女士：「不好意思，我們的備品都少一份，剛剛加床和送拖鞋的時候，為什麼沒有順便幫我們準備呢？」

總機：「不好意思，這是我們的疏忽，馬上為您補上。」

女士：「已經過了10分鐘了，不是說馬上幫我們送嗎？你們這樣服務客人很沒有效率，你們不怕客訴嗎？」

總機：「不好意思，可能我們的房務員在替其他的客人服務，馬上幫您送過去，好嗎？」

女士：「我們就不是客人嗎？什麼叫做在幫其他客人服務，我們已經等很久了耶，我們洗完澡還要出去，這樣耽誤到了我們的行程了耶，你們的處理態度我非常不喜歡。不是五星級飯店嗎？不是有經過訓練的嗎？」

總機：「小姐，真的是非常抱歉，我幫妳催促一下，實在很抱歉，我們會盡速為您送達的。」

女士：「我出來玩，就一直聽你們說抱歉抱歉就好了啊，感覺真的很差。」

總機：「真的很不好意思……」

(三)飯店的死亡事件

Mr.卡卡：閃閃惹人愛酒店的商務旅客，入住0748號房
瑪丹娜：當樓房務員，工作態度心存僥倖

卡卡先生平日下班最大的樂趣就是到居酒屋喝酒放鬆心情。週五晚間，卡卡先生一如往常前往熟悉的居酒屋喝酒，因為週休二日的緣故，當晚卡卡先生也就更加肆無忌憚的一杯接著一杯，直到凌晨時分卡卡先生才拖著疲憊不堪的身軀返回飯店。

卡卡先生進入房內，卸下身上所有衣物進入淋浴間沖澡，水龍頭一開，熱水如洪水般洩下，蒸氣籠罩著整個淋浴間。突然胸口有如被一記上勾拳加迴旋踢擊中般的疼痛，卡卡先生連呼救的機會都沒有就這樣應聲倒地，水柱繼續流下，迴盪在淋浴間內的的聲音，就好似死神無情的嘲笑般讓人心寒。

隔日，房務員瑪丹娜依往常前往0748做清潔打掃，門上意外的掛著DND卡（請勿打擾牌，Do Not Disturb，簡稱DND)。通常卡卡先生都會早早去吃早餐、運動，方便房務員工作，瑪丹娜雖不情願的離開，但嘴裡一連串的咒罵卻沒有停過。

下午，卡卡先生的房外依然掛著DND卡，於是瑪丹娜想也不想就直接向領班回報房間已打掃乾淨，客人已入房休息。週六週日就這樣被瑪丹娜矇混過去，迎接而來的是悲劇的最後樂章。

下午2點左右，0748房內電話不斷響起，卻遲遲無人接聽，於是客務部經理偕同房務部經理前往查看，一進入房內，撲鼻的腐臭味讓人難受，

再向前幾步，只見卡卡先生一絲不掛的倒在淋浴間裡，早已身亡。

二、問題與討論

1. 如果你是房務個案(一)中公司高層主管會如何做處理？

2. 承上，經理這樣的處理方式，你認為哪裡不恰當？

3. 承上，若你是房務人員，如何避免此類事情的發生呢？

4. 房務個案(二)中總機小姐在和客人對答時，有無不妥的地方呢？

5. 承上，如果你是總機小姐，請問你會如何回應客人呢？

6. 請問您若是旅館從業人員會如何處理房務個案(三)的住客死亡事件？該住客房間又該如何處理？

7. 承上，請問上述個案中其旅館的房務人員是否有失職呢？如何處理DND的房間？

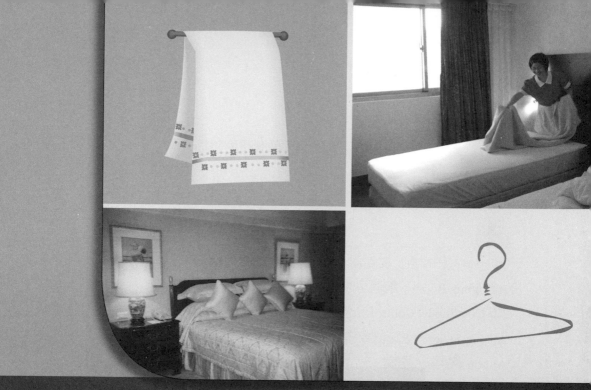

附錄　房務專業術語

房務專業術語

A

Adapter：轉換器、變壓器

Adjoining Room：兩個房間相連接，但中間無門可以互通

Air Conditioner Control：空調搖控器、冷氣控制

Air Freshener：空氣清香器

Aircon：冷氣、空調。同Air Conditioner

Alarm Clock：鬧鐘

Almonds：杏仁果

Amenity：備品

Antenna：天線

Apple Juice：蘋果汁

Armchair：有扶手的椅子、梳妝椅

Ashtray：煙灰缸

B

Baby Bed：嬰兒床。同Crib

Baby Sitter：看護小孩的人

Bedstead：床架

Bag：行李。Baggage，同Luggage

Baggage Rack：行李架。同Luggage Rack

Balcony：外陽台

Ball Point Pen：鋼筆、原子筆

Base Board：踢腳板

Basin：洗臉槽

Bath Gel：沐浴精。同Bath Powder

Bath Mat：足（踏）布、浴墊

Bath Salts Jar：浴鹽罐

Bath Salts：浴鹽

Bath Towel：浴巾、大毛

Bathrobe Hook：浴袍掛鉤

Bathrobe：浴袍

Bathroom：浴室

Bathtub Hand Rail：浴缸的扶手

Bathtub：浴缸

Bay Window：向外凸出的窗門

Bed Cover：床罩。同Bedspread

Bed Pad：床墊布、保潔墊

Bed Sheet：床單

Bed Skirting：床裙

Bed Stand：床腳

Bed Table：床頭櫃。同Bedside Cabinet

Bed-Sitter：客廳兼用臥房

Bible：聖經

Bidet：淨身器、下身池。設有調節溫度的水龍頭，可隨時調節溫度和水
量，因此要面朝水龍頭的方向坐

Bill：帳單

Birthday Cake：生日蛋糕

Blanket：毛毯

Blouse：襯衫、女短上衣

Board Room：會議室。同Conference Suite

Body Lotion：乳液

Boiler：熱水瓶

Box Spring：下層床墊。同Inner Spring

Bras：胸罩。同Brassiere

Breakfast Menu：早餐菜單

Brochure：小冊子、簡介。同Pamphlet

Broom：掃把

Bubble Bath：泡泡浴精

Bulbs：燈泡

Bunk Bed：雙層床（上下鋪）

Button：釦子

C

Cabana：獨立房。有的獨立房是靠近游泳池旁，而有些是在沙灘上

Cabinet：櫃子

Cable Form：電纜電線表單

Can Opener：開瓶器。同Openers

Carpet：地毯。它是整片的地毯狀覆蓋物。同Rug，但Rug是小片的，具
　　　　有一定的形狀，非拼接而成，鋪於室內部分地面上，例如放在浴
　　　　室門口、客廳或床邊

Carpet Sweeper：掃毯器

C-Cold：冷水（一般國家）。同F-Froid（法語），法語系國家使用

Ceiling：天花板

Chain Lock：門鍊

Chair：椅子

Chaise：貴妃椅

Chamber Maid：客房女清潔員。同Room Attendant、Maid、Room Maid

Champagne Flute：香檳杯

Channel Indicator Card：電視頻道指示卡

Check Out Not Ready：已退房，但房間尚未準備好

Chest：櫃子（有抽屜）

Chilled Water：冰水

Chocolate：巧克力

Closet Rods：衣櫃掛桿

Closet Shelves：衣櫃內格

Closet：衣櫥。同Wardrobe

Clothes Brush：衣刷

Clothes-Line：曬衣繩

Coaster：杯墊

Coat：外套。同Jacket

Coat Hook：衣鉤

Cocktail Stick：雞尾酒調酒棒。同Stirrer

Coffee Cups：咖啡杯

Coffee Plates：咖啡盤

Coffee Spoons：咖啡匙

Coke：可樂。同Coca Cola

Comb：梳子

Complaint：抱怨

Complimentary Fruit：贈送水果

Complimentary：免費招待、贈送

Conditioner：潤絲精

Conditioning Shampoo：潤絲洗髮精

Conference Room：會議室。同Board Room

Connecting Bathroom：兩間房共用浴室

Connecting Room：兩個房間相連接，中間有門可以互通

Control Panel：控制面板

Cord：電線

Corner Room：位在角落的房間

Corner Suite：角落套房

Corridor：走廊、走道

Cotton Ball：棉花球

Cotton Pillow：木棉枕

Cotton Tip：棉花棒。同Cotton Swab、Cotton Bud、Q-Tip

Couch：長沙發

Counter：洗臉檯

Courtyard：中庭

Crib：嬰兒床。同Baby Bed、Cot（英式）

Cot：帆布床、嬰兒床。美式為沒有床頭板、床尾板，可摺疊攜帶的帆布床；英式為嬰兒床

Curtain Rail：窗簾架

Curtain：窗簾。同Drapes

Cushion：椅墊

D

D/I：今日預計住房。Due In

D/L：反鎖。Double Lock

Daily Cleaning：每日清掃

Dehumidifier：除濕機

Deluxe Double：豪華雙人房

Desk Table：書桌

Detergent：洗衣粉

Diet Coke：健怡

Directory Of Services：服務指南

Disabled Facilities：殘障人士設備

Dishwasher：洗碗機

DND：請勿打擾。Do Not Disturb

Door Chain：房門鎖鍊、反盜鍵

Doorknob Menu：門把菜單

Double Bed：雙人床。200cm×140cm

Double C/I：重複辦理遷入手續。Double Check In

Double Room：雙人房。指床的尺寸可睡兩人，而非兩張床

Double Vanity：浴室內有兩個洗臉台

Down Comforter：羽毛被

Down Pillow：羽毛枕。同Feather Pillow

Drapes：窗簾

Drawer：抽屜、內褲

Dress (1-Piece)：連身洋裝

Dressing Gown：晨衣

Dressing Lamp：化妝燈

Dressing Mirror：化妝鏡

Dressing Table：化妝台

Dry Cleaning List：乾洗單。同Dry Cleaning Form

Dry Cleaning Service：乾洗服務

Dust Pan：雞毛撢子

Duvet Cover：羽毛被套

E

Earpick：耳挖

Efficiency：有廚房設備的房間

Electric Current：電壓

Electrical Outlet：插座、插頭。同Plug

Elevator：電梯

Emergency Exit：安全門

Emergency Lamp：緊急燈

Emergency Phone：緊急電話

Emery Board：指甲挫片

Entry Lock：門鎖

Envelope：信封

Escalator：手扶梯

Express Pressing：快燙服務

Express Service：快洗服務、快速服務。同4-Hour Service

Extension ：分機

Extension Cord：延長線

Extra Bed：加床。同Roll Away

F

Face Towel：方巾、小毛。同Hand Towel

Fanta：芬達。迷你吧內的飲料

Faucet Leaking：水龍頭漏水

Faucet：水龍頭。同Spigot、Tap、Bibcock

Feather Pillow：羽毛枕

Female Hanger：女用衣架

Fire Alarm：火警警報

Fire Escape Plan：逃生圖。同Fire Notice

Fire Extinguisher：滅火器

Fire Fighting Chart：火災避難圖

Fire Hazard：火警

Fire Hydrant：消防栓

Fire Safety Mask：防煙面罩

Fire Staircase：安全梯

First-Aid Kit：急救箱

Flash Light：手電筒。同Flash Torch

Floor Indicator：指示燈

Floor Lamp（英）：立燈、落地燈。

Flower Vase：花瓶

Fluorescent Lamp：日光燈。同Fluorescent Bulb

Flush Toilet：沖水馬桶

Flushing System：沖廁系統

FMK：各樓層通用鑰匙。Floor Master Key

Foam Pillow：海棉枕

Folded：摺疊包裝

Folded：需摺疊。為洗衣單上的用語，依客人的喜好選擇所送回衣物的放
　　　　置方法，例如襯衫、西褲等

Foot Board：床尾板

Foot Mat：夜床巾

Fourposter：四角有柱的舊式大床

4-Hour Service：快洗服務、快速服務。同Express Service

Foyer：休憩處。樓梯或電梯前之寬敞處

Fridge：電冰箱。同Refrigerator

Fruit Basket：水果籃、水果盅。同Fruit Bowl

Fruit Fork：水果叉

Fruit Knife：水果刀

Full-Length Mirror：穿衣鏡

Gallery：走廊

Glove：手套

Goggle：護目鏡。在處理大灘血跡或危險化學物品時使用，以保護房務
　　　　人員的安全，避免被感染

GL：杯子。Glass

Glass Cover：杯蓋

Glue：漿糊。同Paste

GMK：全館通用鑰匙。Grand Master Key

Goodnight Card：晚安卡

Grape Juice：葡萄汁

Guest Comment：顧客意見卡

Guest Elevator：客梯

Guest Location Form：住客館內位置所在

Guest Rest Room：客用化妝室

H

Hair Dryer：吹風機

Hall Closet：壁櫥

Hand Shower：手動淋浴

Hand Towel：方巾、小毛。同Face Towel

Handicapped Room：殘障房

Handicapped：殘障者

Handkerchief：手帕

Hanger Stand：西裝的衣架

Hanger：衣架

Hat Rack：帽架

Head Board：床頭板

Heater：暖氣

Heineken Beer：海尼根啤酒

H-Hot：熱水。同C-Chaud（法文），法語系國家使用

Hide-A-Bed：隱藏式床。同Statler Bed、Soft Bed、Studio Bed

Hold For Return：保留至下次返回時歸還

Hollywood Bed：好萊塢式雙人床。指兩小床合併在一起，可供一人或兩
人使用

Hook：壁鉤

Hospitality：舉辦酒會或宴會用房間

Hot Water Dispenser：保溫瓶

Hotel Card：飯店名片

Hotel Directory：飯店指南

House Count：今日已賣出去的房間數

Hydrotherapy Pool：治療用水池

I

Ice Bucket：冰桶

Ice Pick：冰鑽、冰鋤

Ice Tongs：冰桶夾

Ice Cube：冰塊

IDD Card：國際直撥說明卡。International Direct Dial Card

Inside Room：向內的房間

Iron Board：熨板

Iron：熨斗

J

Jaccuzzi：按摩浴缸

Jacket：外套。同Coat

Jasmine Tea：茉莉花茶、香片

Jean：牛仔褲

Jogging Suit：運動套裝

Junior Suite：小型套房。同Semi Suite

K

Kettle：煮水器

King-size Bed：特大號床。200cm×180cm

Kirin Beer：麒麟啤酒

Kitchen Cabinet：櫥櫃

L

L & F：失物招領。Lost & Found

Lamp Shades：燈罩

Lanai：有屋內庭院的房間

Latch：安全扣

Laundry Bag：洗衣袋

Laundry Chute：洗衣投送管

Laundry List：洗衣單。同Laundry Form

Laundry Service：洗衣服務

LB：只有簡便的行李。Light Baggage

Let Room, DND：打掃過的續住房，但客人掛請勿打擾，無法檢查

Let Room, Guest Back：打掃過的續住房，但檢查時客人回來過

Let Room, Guest In Room：打掃過的續住房，但檢查時客人在房內

Let Room：經檢查過，乾淨的續住房

Letter Paper：信紙

Light Control：電燈開關控制

Light Starch：輕漿

Linen Cart：布巾車、備品車

Linen Room：布巾室

Linen：布巾

Liquors：烈酒

Lock-Out：自動上鎖，被關在門外

Loft：頂樓房間。同Penthouse

Luggage Rack：行李架。同Baggage Rack

Luggage：行李。同Baggage

M

M/C：晨間喚醒服務。Morning Call，同Wake Up Call

Magazine：雜誌

Maid Cart：手推車

Maid Truck：女清潔員用車

Maid：客房女清潔員、房務員。同Room Attendant

Make Bed：鋪床

Make Up Room：清掃房間

Male Hanger：男用衣架

Map：地圖

Master Key：通用鑰匙。同Pass Key，可開全館門鎖的鑰匙

Master Switch：省電裝置電源總開關

Matches：火柴

Mattress：床墊。又稱彈簧床墊，有軟、硬、適中之別，席夢思公司特別
　　　　　為Westin Hotel設計的超級軟床，又有「天堂之床」的美名

Measuring Tape：捲尺

Medical Clinic：醫療服務

Memo Pad：便條紙。同Memo Note、Note Pad

Message Lamp：留言燈。同Message Light

Meter Ruler：尺

Microwave Oven：微波爐

Mineral Water：礦泉水

Mini Bar：私人小酒櫃、房內小型酒吧。同Wet Bar、Honor Bar

Mirror：鏡子

Morning Gown：晨衣

Mouthwash：漱口水

Murphy：隱匿床、雙人床兼沙發用。同Hideaway Bed、Hide-A-Bed，隱藏在牆壁內的床

N/A：新遷入客人的房間。New Arrival

N/S：未出現者。No Show，已有訂房但並沒有在預定的那天到達

Nail Brush：指甲刷

Nail Cutter (Clipper)：指甲刀

Needle：針

News Letter：告知信、通知函

Night Gown：睡衣

Night Latch：彈簧鎖

Night Light：夜燈

Night Table：床頭几

NNS：不需夜床服務。No Night Service

No Starch：不漿

Non-Slip Bathtub Mat：止滑浴墊。同Rubber Mat

NSR：客人說今日不需清潔的續住房。No Service Request

Nuts：堅果

On Hanger：請掛於衣架上。為洗衣單上的用語，依客人的喜好選擇所送回衣物的放置方法，例如襯衫、西褲等

Occupancy：住房率

Occupied Room：續住房

On Change：整理中

On Hanger：用衣架掛

One-Way Viewer：貓眼、窺視孔。同Peep Hole

Oolong Tea：烏龍茶

OOO：故障房。Out Of Order

Openers：開瓶刀、開瓶器。同Can Opener、Waiter's Friend、Corkscrew
（螺旋形的開瓶器）

Orange Juice：柳橙汁

OS：停賣做工程的房間

Outside Room：向外的房間

Oval Basket：橢圓形備品盤

Overall：連身工作衣

Overcoat：長大衣

P

Pack Luggage：待走的房間，行李已打包好

Pajamas：睡衣

Pamphlet：小冊子、簡介。同Brochure

Pass Key：通用鑰匙。同Master Key

Paste：漿糊

Pay-Per-View：付費電視（每看一次就計費一次）。同Pay TV

Peep Hole：貓眼、窺視孔。同One Way Viewer

Pellet Curtain：裝飾窗簾

Pencil：鉛筆

Penthouse：屋頂套房

Perrier：沛綠雅。法國進口有泡礦泉水

Phone Book：電話指南

Pillow Case：枕頭套

Pillow：枕頭

Pin Cushion：針墊

Pipe：水管

Pneumatic Tube：送氣管

Pocari：寶礦力。運動飲料

Pock-Smoke Escaping Mask：防煙面罩

Portable Shower：活動淋浴蓮蓬頭

Post Card：明信片

Pot：茶壺

Potato Chips：洋芋片

Presidential Suite：總統套房

Pressing List：燙衣單

Pressing Service：燙衣服務

Price List：房價表

Private Bathroom：專用浴室、私人浴室

Program Card：節目卡、節目表

Public Area：公共區域

Quads：四人床

Queen-size Bed：比特大號床還小一點的床。200cm×150cm

R/S：客房餐飲服務。Room Service，不必到餐廳用餐，可以叫侍者把食

物送到房間

Raincoat：風衣

Rattan Chair：藤椅

Rattan Table：藤桌

Razor Blades：剃刀刀片

Razor：刮鬍刀

Ready To Sell：經檢查過，合格且可報賣的房間

Recliner：靠背沙發

Red Wine Glass：紅酒杯

Refrigerator：電冰箱。同Fridge

Regular Service：普通洗衣服務

Remote Control：搖控器

Rock Glass：老式酒杯、威士忌杯。同Old Fashion

Roll Top Desk：有蓋寫字檯

Roll-Away：加床。同Extra Bed

Room Count：本日尚未售出的房間數

Room Maid：客房女清潔員。同Room Attendant、Maid、Chamber Maid

Room Service Menu：客房餐飲服務菜單

Round Bed：圓床

Rubber Mat：防滑墊。同Non-Slip Bathtub Mat

Rubber Ring：橡皮筋。

Rug：地毯。它是小片的地毯，具有一定的形狀，非拼接而成，鋪於室內部分地面上，例如放在浴室門口、客廳或床邊。同Carpet，但Carpet是整片的地毯狀覆蓋物

Ruler：尺

S

Skipper：跑帳者。同W/O（Walk-Out），客人未付款即離去，有賴帳情
　　　　形

SO：外宿。Sleep Out，旅客有訂房間但卻未在旅館內過夜，如出差外地
　　或訪問親友等因故無法回旅館過夜休息

Scale：體重計、磅秤

Safety Box：保險箱。同Safety Deposit Box、Safe

Safety Pin：別針

Safety Rail：安全欄杆。同Grab Rail

Safety Razor：安全剃刀

Sanitary Bag：衛生袋。同Sanitary Napkin Disposal

Sanitary Napkin：衛生棉。同Sanitary Pad

Saucer：茶碟

Scarf：領巾

Semi-Double Bed：半雙人床

Semi-Suite：小套房

Service Station：各樓層服務台

Sewing Kit：針線包

Shampoo：洗髮精

Shaving Cream：刮鬍膏

Sheer Curtain：紗窗簾

Sheet Cover：被套

Sheet Paper：紙墊

Shirt：襯衫

Shoe Basket：鞋籃

Shoe Brush：鞋刷

Shoe Cleaning：擦鞋服務單

Shoe Horn：鞋拔

Shoe Mitt：擦鞋布。同Shoe Cloth

Shoe Polish Sponge：擦鞋盒

Shoe Polish：鞋油

Shoe Shine Service：擦鞋服務

Shoeshine Bag：擦鞋袋

Shopping Bag：購物袋

Shorts：短褲

Shower Bath：淋浴、蓮蓬浴

Shower Cap：浴帽

Shower Curtain：浴簾

Shower Diverter Knob：淋浴轉換旋轉鈕

Shower Head：蓮蓬頭

Shower Room：淋浴間

Shower Set：淋浴設備

Side Table：邊桌

Single Bed：單人床

Sink Plug：塞子。同Stopper

Sink：洗臉槽

Sitting Bath：坐用浴室

Skirt：裙子

SL：反扣。同Safe Lock，房內安全扣，為了避免服務人員直接開門進入
　　房內

Slipper：拖鞋

Slips：襯裙

Smoke Detector：煙霧偵測器

Soap Dish：肥皂盒（碟）

Soap Holder：肥皂架

Soap：香皂

Socks：襪子

Soda Water：蘇打水

Soft Drinks：軟性飲料、飲料類。例：可樂、蘇打等

Soft Pad：軟床墊。同Soft Mattress

Soiled Linen Bag：備品車的帆布袋

Solarium：日光浴室

Spa：溫泉浴場

Space Sleeper：壁床

Spare Pillow：備用枕頭

Special Suite：特別套房

Spirit：酒精類。例：啤酒、雞尾酒等

Sponge：海棉

Sport Shirt：運動服

Spout：出水口

Spray Adjustment：噴灑調節旋轉鈕

Spring Coat：薄外套、風衣

Spring Mattress：彈簧床

Sprinkler：蓮蓬灑水器

Sprite：雪碧。為汽水的一種

Squashing Pad：菜瓜布

Stain Clothes Hanger：緞帶衣架。同Silk Hanger、Lady's Hanger

Stair Way：階梯

Standard Lamp：立燈、落地燈。同Floor Lamp（英）

Standard Room：標準套房

Stationery Holder (Folder)：文具夾

Stationery：文具

Statler Bed：沙發床。同Soft Bed、Studio Bed、Hide-A-Bed（隱藏式床）

Stirrer：調酒棒。同Cocktail Stick

Stocking：尼龍絲襪

Stopper：水塞

Storage：倉庫。同Store Room

Studio Room：沙發床。同Hide-A-Bed，日間當沙發晚上當床用之兩用床，最適合小房間使用

Suburban Map：近郊地圖

Suit (2-Piece/2-PCS)：套裝（兩件式的）

Suite：套房

Sun-Tan Lotion：防曬油

Supplies：備品

Sweater：毛衣

Switch：開關

T

Toilet Bowl：馬桶、便盆。同Toilet

Table Lamp：立燈、檯燈

Table Pad：桌墊

Taiwan Beer：台灣啤酒

Tap：飲水機的口

Tea Bag：茶包

Tea Cup：中式茶杯

Tea Towel：抹布

Television Cabinet：電視櫃

Television Set：電視

Tent Card：立卡。放於桌上的立卡，醒目而不易被客人忽略，內容、形式多樣化。例如，國際直撥電話、AT & T訊息等

Thermos Bottle：熱水瓶

Thermostat：衡溫器

Tie：領帶

Tile：磁磚

Tip：小費

Tissue Paper Dispenser：面紙盒

Tissue Paper：化妝紙

Tissues：面紙

Toilet Paper Roll：圓筒衛生紙。同Toilet Roll

Toilet Paper：衛生紙

Toilet Seat Cover：馬桶蓋

Toilet Seat：馬桶座

Toilet：廁所、洗手間（英式）。同Rest Room、Bathroom（美式），另有馬桶之意

Tonic Water：通寧水

Toothbrush：牙刷

Toothpaste：牙膏

Towel Rack：毛巾架

Towel Rings：毛巾環

Transformer：轉換器、變壓器

Trash Can：垃圾桶

Tray：托盤

Triple Beds：三張床的房間

Trouser：西褲

T-Shirt：套衫

Tumbler：漱口杯

Turn Down Service：夜床服務，同NS (Night Service)、Open Bed Service

Tuxedo：燕尾服

TV Remote Control：電視遙控器

Twin Room：雙人房

U

Underpants：內褲

Undershirt：內衣

Unpack Luggage：待走的房間，行李尚未打包

V

VAC：空房。同Vacant

Vacuum Cleaner：吸塵器

Valet List：燙衣單

Valet Service：洗衣、燙衣服務

Vacant And Ready：可租出之空房

Vanity Dressing Chair：梳妝椅

Vanity Dressing Table：梳妝桌

Vanity Top：洗手台

VCR：昨天未出售的空房，今日已檢查過，一切正常。Vacant Clean
　　　Ready

Venetian Blind：活動百葉窗

Ventilator：抽風機

Vest：背心

Video Cassette Recorder：錄放影機

VIP Floor：貴賓樓層。同Executive Floor、Concierge Floor

Voltage：電壓

Volume：音量

W/O：跑帳者。同Skipper，備品被客人帶走；另一個意思是旅客未付款
　　　即離去，有賴帳情形

Wall Outlet：壁插座。同Wall Socket

Wall-Painting：壁畫。同Wall Picture

Wall-Paper：壁紙

Wardrobe：衣櫥。同Closet

Wash Clothes：抹布。同Mop

Wash Stand：洗臉架

Wash Towel：毛巾、中毛

Washcloth Rack：面巾架

Waste Basket：垃圾桶。同Trash Can

Water Tank：馬桶水箱

Watts：瓦特

Wet Bar：私人小酒櫃、房內小型酒吧。同Mini Bar、Horner Bar

Wheel Chair：輪椅

Whirlpool Bath：漩渦浴缸

Wicker Laundry Basket：客衣用藤籃

Window Frame：窗框

Window Sill：窗台

Wine Glass：酒杯

Writing Desk：書桌

Yellow Page：工商分類電話簿。美國的電話號碼簿都是用黃紙印刷，所以又稱黃頁，刊有廣告、公司地址及電話號碼

Yukata：日式浴袍

Z-Bed：摺疊床。摺疊床輕便不占空間且容易存藏，通常白天可當沙發，晚上則可當床

參考文獻

一、中文

太陽王國網路事業股份有限公司。http://www.suntravel.com.tw。檢索日期：2003年5月。

行政院農委會（2005）。《農漁會會館經營管理》。

吳勉勤（1998）。《旅館管理：理論與實務》。台北：揚智文化。

李明軍（2007）。《物業清潔管理》。台北：五南出版社。

李欽明（1998）。《旅館客房管理實務》。台北：揚智文化。

明泰旅行社股份有限公司（2009）。

黃良振（1994）。《觀光旅館業人力資源管理》。台北：中國文化大學。

詹益政（1991）。《現代旅館實務》。台北：詹益政。

劉桂芬（1998）。《旅館人力資源管理》。台北：揚智文化。

潘朝明（1988）。《旅館管理基本作業》。台北：水牛。

二、英文

Casado Matt A. (2000). *Housekeeping Management*. ISBN: 0471251895.

Khan, M. A., Olsen, M. D., Var, T. (1993). *VNR's Encyclopedia of Hospitality Tourism*. New York: Van Nostrand Reinthold.

Petrillose, M. J. & Montgomery R. (1997). An exploratory study of internship practices in hospitality education hospitality curriculum. *Journal of Hospitality & Tourism Education,* 9(4), 46-51.

Woods, R.H. (1997). *Managing Hospitality Human Resources*. ISBN: 086612151x.

房務作業管理

作　　　者／郭春敏
出　版　者／揚智文化事業股份有限公司
發　行　人／葉忠賢
總　編　輯／閻富萍
執行編輯／吳韻如
地　　　址／台北縣深坑鄉北深路三段260號8樓
電　　　話／(02)8662-6826
傳　　　真／(02)2664-7633
網　　　址／http://www.ycrc.com.tw
 E-mail ／ service@ycrc.com.tw
印　　　刷／鼎易印刷事業股份有限公司
 ISBN ／978-957-818-947-8
初版一刷／2003年5月
二版三刷／2012年6月
定　　　價／新台幣400元

國家圖書館出版品預行編目資料

房務作業管理／郭春敏著. -- 二版. -- 臺北縣深
坑鄉：揚智文化, 2010.03
　　面；　公分
參考書目：面
ISBN 978-957-818-947-8（平裝）

1.旅館業管理

489.2　　　　　　　　　　　　　　99002894